中等职业教育建筑设计类专业教材

中国
古建筑文化

马继红　　张培艳｜编著

U0242171

中国轻工业出版社

图书在版编目（CIP）数据

中国古建筑文化 / 马继红，张培艳编著. — 北京：
中国轻工业出版社，2022.8

ISBN 978-7-5184-3990-4

Ⅰ.①中⋯ Ⅱ.①马⋯ ②张⋯ Ⅲ.①古建筑—建筑
文化—研究—中国 Ⅳ.①TU-092.2

中国版本图书馆CIP数据核字（2022）第079804号

责任编辑：贾 磊 王 欣 责任终审：劳国强 整体设计：锋尚设计
策划编辑：贾 磊 责任校对：朱燕春 责任监印：张 可

出版发行：中国轻工业出版社（北京东长安街6号，邮编：100740）
印 刷：艺堂印刷（天津）有限公司
经 销：各地新华书店
版 次：2022年8月第1版第1次印刷
开 本：787×1092 1/16 印张：8
字 数：180千字
书 号：ISBN 978-7-5184-3990-4 定价：35.00元
邮购电话：010-65241695
发行电话：010-85119835 传真：85113293
网 址：http://www.chlip.com.cn
Email：club@chlip.com.cn
如发现图书残缺请与我社邮购联系调换
KG1419-200495

序

　　《中国古建筑文化》是北京市园林学校针对中等职业教育古建筑修缮专业编写的一本专业课教材。

　　这本教材以介绍文化为切入点，分别对我国古代的宫殿建筑、坛庙建筑、民居建筑、园林建筑、陵寝建筑、宗教建筑以及小品建筑作了介绍和解读，使学生在了解这些古建筑所蕴含的深厚文化内涵的同时，也了解了这些不同类型的古建筑。

　　中国古建筑起源于新石器时期，成型于夏商周时代，历经秦汉、魏晋南北朝、隋唐、宋辽金、元明清等不同发展阶段，具有数千年的历史。它是在中华民族"天人合一"的宇宙认知的引导下逐步发展来的，沉淀着数千年的文化和智慧，是中华文化的结晶和载体。

　　这本教材在介绍"古建筑起源和发展"以及各种不同类型的建筑时，引用了《易经》《庄子》《韩非子》《礼记》《周礼·考工记》以及《道德经》《论语》《荀子》等经典中的相关论述。这种巧妙编排使这些古代建筑创建所依据的文化、理念之间的内在联系更加紧密，从而加深了学生对这些建筑文化的理解和认知。

　　2017年1月25日，中共中央办公厅、国务院办公厅印发了《关于实施中华优秀传统文化传承发展工程的意见》，要求把中华优秀传统文化教育"贯彻国民教育始终"，要"全方位融入思想道德教育、文化知识教育……贯穿于启蒙教育、基础教育、职业教育、高等教育、继续教育各个领域"。《中国古建筑文化》这本教材正是北京市园林学校以及教材编写者积极响应并认真贯彻党和国家继承弘扬中华优秀传统文化的部署，并将其应用于教书育人伟大工程的一个具体行动。我为他们这种充满正能量和创造性的做法点赞！

并祝北京市园林学校创办的古建筑修缮专业教学取得圆满成功！

马炳坚

2022年3月12日于京华营宸斋

前　言

　　北京有三千多年的建城史和八百多年的建都史，是我国拥有皇家宫殿、庙坛、陵寝、园林数量最多的城市。这些古建筑以及它们所承载的传统文化是先辈留给我们的宝贵财富，也是历史赋予我们的时代使命。

　　新时代，围绕首都"四个中心"功能定位，依托行业发展需求，北京市园林学校经过多年的市场调研，于2015年开设了古建筑修缮专业。2016年，学校迎来了第一批热爱古建筑文化与技艺的学生。为培养高素质的古建筑修缮技能人才，学校在重视古建筑传统修缮技法传承的同时，也在该专业开设了"中国古建筑文化"课程。旨在帮助学生从传统文化的角度理解古建筑形制、功能，从古建筑的视角感受中华优秀传统文化，培养有文化底蕴、有可持续发展能力的古建筑修缮技能人才。

　　经过多年的教学实践，学校教师逐渐摸索出了以中国古建筑类型为主线，以建筑的思想文化为重点，以北京丰富的古建筑遗存为主要实例的理实一体、课内外结合的教学模式。这种模式不仅激发了学生的专业学习积极性、趣味性，而且也拓展了学生的学习视野，对培养学生素养起到了积极作用。为了总结本课程的教学成果，完善中职古建筑修缮专业课程资源建设，惠及更多的学校和学生，我们编写了这本《中国古建筑文化》教材。教材共分十个单元，第一单元是全书的导引部分，概括介绍我国古建筑的发展过程及主要的思想文化；第二至第八单元是主体内容，分别介绍了宫殿建筑、民居建筑、坛庙建筑、陵寝建筑、宗教建筑、园林建筑和小品建筑，并从文化的视角对各类典型的古建筑进行解读，以点带面让学生了解北京古建筑所蕴含的深厚思想文化；最后两个单元介绍了古建筑与文学、艺术之间的相互关系，以及文学、艺术在丰富和传承古建筑文化方面的重要作用。本教材带领学生畅游于中国古建筑与中国五千年灿烂辉煌的思想文化之中，收获的不仅是知识，更是对心灵深处的文化滋养。

本教材线索清晰，文字浅显易懂，并配有大量的古建筑实景图片，具有较强的可读性。适合职业院校古建筑及相关专业使用，也适用于对中国古建筑文化感兴趣的读者自行阅读。

本教材配有图文并茂的数字资源，包括与每个单元相配套的教学课件、中国古建筑元素的专项知识介绍、古建筑游学方案等。教师可使用移动终端设备扫描教材封底的轻工教学服务网二维码，或计算机直接搜索"轻工教学服务网"（http://edu.chlip.com.cn/blog），登录后搜索本书，即可下载相关资源。

本教材的编写是在无数前人的研究基础之上完成的。教材内容尽可能参考了比较权威的表述，吸纳了较为前沿的学术成果。相关参考文献附于书后，在这里向各位前辈、同人表示衷心的感谢。诚然，由于编写时间仓促以及笔者眼界所限，书中如有不当之处还请读者批评指正。

本教材也得到了许多专家、学者的帮助。很高兴古建筑行业的老前辈、知名专家马炳坚先生及北京建筑大学傅凡教授在百忙之中担任本书的审核专家，并给出了详细的审查意见。也感谢原北京市公园管理中心研究室魏瑞芳女士对本书进行多次通篇校核。在此一并为大家对教育事业的默默奉献与鼎力支持点赞！

2022年3月于北京市园林学校

目 录

第一单元 —— 古建筑文化概述 / 1

第1课　中国古建筑起源与发展 / 1

第2课　中国古建筑类型与布局 / 7

第二单元 —— 儒家思想与宫殿建筑 / 12

第1课　"以中为尊"的北京城 / 12

第2课　紫禁城的"三朝五门"与"前朝后寝" / 15

第3课　"皇权至上"的建筑等级制度 / 19

第三单元 —— 伦理观念与民居建筑 / 23

第1课　我国民居建筑 / 23

第2课　北京民居四合院 / 26

第3课　北京胡同 / 29

第四单元 —— 祭天祀祖的坛庙建筑 / 33

第1课　祭天建筑 / 33

第2课　祭祖建筑 / 37

第3课　祭祀先贤的建筑 / 40

第五单元 —— "事死如事生"的陵墓建筑 / 45

第1课　帝王陵寝 / 45

第2课　明十三陵 / 48

第3课　清东陵和清西陵 / 50

第六单元 —— 宗教建筑 / 53

第1课 佛教建筑 / 53

第2课 道教建筑 / 58

第3课 伊斯兰教建筑 / 61

第七单元 —— 师法自然的古典园林 / 63

第1课 中国古典园林 / 63

第2课 皇家园林 / 66

第3课 王府花园 / 75

第八单元 —— 小品建筑与建筑装饰 / 78

第1课 小品建筑 / 78

第2课 建筑装修 / 83

第3课 吉祥图案 / 89

第九单元 —— 古建筑与文学 / 95

第1课 古建筑匾联文化 / 95

第2课 古建筑与文学作品 / 101

第十单元 —— 古建筑与图档绘画 / 111

第1课 样式雷与皇家建筑 / 111

第2课 文人画与文人园林 / 113

附录 课后实践活动 / 117

参考文献 / 118

第一单元

古建筑文化概述

学习导引

1. 中国早期氏族部落的干栏式建筑与半地穴式建筑各有什么特点？它们与自然环境有怎样的关系？
2. 中国古建筑经历了哪些发展阶段？形成了哪些主要的建筑类型？
3. 古代天文学对中国古建筑产生了怎样的影响？

第1课　中国古建筑起源与发展

中国古建筑源于氏族部落时期的巢居与穴居，从萌芽到成熟的发展阶段中逐渐融入了思想文化与观念习俗，形成了类型多样、功能齐全的中国传统建筑体系，也成为展现中国传统文化的重要载体。

一、中国古建筑起源

1. 早期氏族部落建筑

远古时期，人类选择山洞作为躲避风雨和野兽侵害的栖身之处，北京周口店的山顶洞人就是典型的例子。随着原始农业的发展和人口的增加，天然的山洞已经无法满足人类的需要，他们开始自己动手建造居所，形成了以巢居和穴居为代表的两类建筑。

浙江余姚河姆渡遗址（距今约7000年）中的干栏式建筑是由巢居建筑

（图1-1）演变而来的。这种建筑模仿飞禽在树上做巢的方式，把木桩插在地下，用木板在上面搭建成屋。干栏式建筑适应我国南方地区温暖湿润且雨量较多的气候特点，它是中国最早的木构建筑。陕西西安半坡村遗址（距今约6000年）中的半地穴式（图1-2）圆形房屋由穴居演变而成。这种建筑模仿天然的洞穴，用木头作柱子，屋内有炕灶，屋外还有用来储存物品和防御敌人的窖穴和壕沟。半地穴式建筑适应我国北方地区冬季寒冷的气候特点，为氏族成员提供了遮风避雨和御寒取暖的生活居所。

（1）巢居建筑 　　　　　　　　　（2）干栏式建筑

图1-1　巢居建筑模型

图1-2　半地穴式模型

《经典语录》———————————————————————————

　　上古之世，人民少而禽兽众，人民不胜禽兽虫蛇。有圣人作，构木为巢以避群害，而民说之，使王天下，号之曰有巢氏。

——《韩非子·五蠹》

古者禽兽多而人民少，于是民皆巢居以避之。

——《庄子》

上古穴居而野处，后世圣人易之以宫室。

——《易·系辞下》

昔者先王未有宫室，冬则居营窟，夏则居橧巢。

——《礼记·礼运》

2. 早期国家建筑

浙江杭州余杭区的良渚古城（距今4300—5300年）是我国南方地区早期国家建筑的代表。这座古城由宫殿区、内城和外城组成，内外城的总面积达900多万平方米，规模要比氏族部落建筑大得多。古城中部有一个人工堆筑的30万平方米的高台，其上建有大型广场和多组高等级建筑。

洛阳平原的夏朝二里头遗址（图1-3），不仅有宫殿建筑群、大型墓葬群，还有平民生活区和手工业作坊。商朝殷墟遗址中出现了宗庙建筑，还有商王和奴隶主的墓葬区。春秋时期的伍子胥在为吴国都城选址中，采用了"相土尝水""象天法地"的方法，建造了阖闾大城（今苏州古城）。由此可以看到，我国早期国家的建筑不仅规模巨大，而且功能分区明确，并且出现了建筑风水学说和古天文学的建筑观念。

图1-3 二里头遗址模型

二、中国古建筑发展阶段

1．萌芽阶段

中国古建筑从萌芽到成熟经历了四个发展阶段，夏商周是中国古建筑的初级萌芽时期。他们采用夯土筑台技术和木架干栏式结构，形成了"茅茨土阶"（茅草屋顶和夯土筑台）的台榭体系结构，这就是我国土木建筑的雏形。春秋战国时期《周礼·考工记》中关于建筑工程技术方面的文字记载，是本阶段我国建筑水平和建筑文化的重要成果。

知识链接

《周礼·考工记》

《考工记》是中国战国时期记述官营手工业各工种规范和制造工艺的文献。《匠人》篇所记载的就是西周开国之初的王城规则制度，它是以周公营洛为代表的第一次都邑建设高潮而制定的营国制度。

王城方九里，四面构筑城垣，每面各开三门，共计十二座城门；城内分为宫廷区、官署区、市区和居住区，宫城置于城之中部，分为前朝和后寝两个小区，四面筑有宫垣；宫城南北中轴线是全城规划的主轴线；宫居中，按"前朝后市""左祖右社"之制，环绕宫城，对称罗列；官署区设于外朝之南，各官署分列在城之南北中轴线两侧，以为宫廷区的前导；按三朝三门之制，沿城之规划主轴线，依次由南而北，分别布置宫廷区之皋门、应门及路门，和其相对应之外朝、治朝与燕朝；城内道路采用经纬涂制，按一道三涂之制，由九经九纬构成南北及东西各三条主干道，环城还置有"环涂"，结合而为纵横交错的棋盘式道路网；城外置有"野涂"与畿内道路网相衔接；朝及市的规模为各居一"夫"之地，即占地一百亩。

2．发展阶段

秦汉到南北朝时期是中国古建筑的新兴发展阶段。在这个阶段，早期的台榭体系被废弃了，取而代之的是大量涌现的抬梁式和穿斗式木架构技术。我国建筑的体系初步形成，形成了皇家建筑、礼制建筑、宗教建筑和民居建筑等不同的类型。

3．鼎盛阶段

隋唐至宋元时期，中国古建筑技术发展迅速，木构技术和建筑行制更趋完善，中国古建筑进入鼎盛阶段。这个时期的建筑规模、建筑种类和建筑装饰发展飞速，并且正式颁布了官式建筑的法典文本《营造法式》。

知识链接

《营造法式》

北宋建国以后百余年间，大兴土木，宫殿、衙署、庙宇、园囿的建造此起彼伏，造型豪华精美，负责工程的大小官吏贪污成风。建筑的各种设计标准、规范和有关材料、施工定额、指标亟待制定。哲宗元祐六年（1091年）皇帝下诏颁行由将作监第一次编成的《营造法式》，史称《元祐法式》。但是该书缺乏用材制度，不能防止工程中的各种弊端。北宋绍圣四年（1097年）又诏李诚重新编修。李诚以他个人10余年修建工程的经验为基础，并参阅大量文献和旧有的规章制度，编成流传至今的《营造法式》。该书是中国古代最完整的建筑技术书籍，标志着中国古代建筑已经发展到了较高阶段。

4．成熟阶段

元明清时期中国古建筑进入高度成熟阶段。这一时期在北京及周边营建的大都都城、明清紫禁城、三山五园、避暑山庄及明十三陵、清东陵和清西陵，这些建筑不仅规模宏大，外观精美，而且各项技术也逐渐趋于标准化。清代颁布的清工部《工程做法》是中国古建筑文化在高度成熟阶段形成的重要成果。建筑学家梁思成将该书与《营造法式》这两部中国古代官方颁布的建筑标准古籍称为"中国建筑的两部文法课本"。

三、影响中国古建筑的思想文化

1．古代天文学

我国古代天文学起源于原始社会时期，早在尧帝时代就设立了专职的天文官，专门从事"观象授时"，进入农耕文明后，就更加迫切需要掌握四季变换的规律。我国早期社会的《尚书》《诗经》《春秋》《左传》等重要典籍中，记录了大量关于星宿和天象的内容，可以说天文知识在当时不仅丰富而且比较普及。这些古代天文学不仅成为中国文化观念的渊源，也是我国古建筑文化的原点。由古代天文学产生的"天人感应"观念，被应用于帝王君权神授的政治统治中，也成为皇家建筑"宇宙图案化"的重要依据。

"七政五纬""二十八宿""三垣""北斗七星"等是我国古代天文学的基本概念，它们也常常出现在我国古代建筑中。金木水火土合称"五纬"，加上日月合称为"七政"；"二十八星宿"是选取黄道附近的恒星作为观测以上星体运行的坐标，东西南北各有七宿，共有二十八宿。"三垣"是指紫微垣、太微垣和天市垣，古人在黄河流域的北天上空，以北极星为标准集合周围各星合为一区，就是紫微垣。紫微垣外的星张翼轸以北的星区是太微垣，在房心箕斗以北的星区是天市垣。古人非常重视"北斗七星"（天枢、天璇、天玑、天权、玉衡、开阳、摇光），把它们联系起来想象成斗形，并用它们来辨别方向和季节。

2.儒家思想与道家思想

我国的哲学思想特别是儒家思想和道家思想对我国古代建筑的形制、体量、材料、色彩、装饰等也产生了深远的影响。儒家思想产生于春秋时代，以孔子和孟子为代表，他们崇尚"礼乐"和"仁义"，提倡不偏不倚的"中庸"之道，主张"德治"和"克己复礼"的"仁政"，希望采用周礼的等级制度恢复社会秩序。汉代采取了"罢黜百家，独尊儒术"的政策后，儒家思想成为封建社会的正统思想。儒家思想强调等级秩序的主张对我国古代建筑产生了深远的影响，在皇家建筑、寺庙建筑、民居建筑中都带有明显的等级色彩。

道家思想以老子和庄子为代表，以"道"作为理论基础，说明宇宙万物的本源和变化，主张道法自然，追求个人内心崇高的德行，倡导"无为而治"的政治理想。受道家思想影响的建筑自然飘逸，人与自然浑然一体。中国园林在儒家和道家的影响下，展现出拘谨与自由、实用与理想、技巧与灵巧相结合的独特气韵。

第2课 中国古建筑类型与布局

中国古代建筑类型多样，从建筑的性质和功能上看，可以分为宫殿建筑、民居建筑、园林建筑、坛庙建筑、陵墓建筑、宗教建筑等。它们既有为生者服务的建筑，也有为死者服务的建筑，还有为祭祀和宗教服务的建筑。

一、中国古建筑类型

1. 皇家建筑

皇家建筑是皇帝治理朝政和日常居住之处，建筑规模宏大、气势恢宏、富丽堂皇，体现帝王的气度风范。皇家建筑是象征最高权力的建筑，其政治意义高于实用功能。北京故宫就是皇家建筑的典型代表，它不仅是我国古代建筑的杰作，也是世界现存最大、最完整的古建筑群。

2. 民居建筑

民居建筑是普通百姓居住的建筑，以安全和舒适为目标。我国的民居建筑深受复杂多样的自然环境和社会经济的影响，形成极具地域特色的建筑形式，其中北京四合院、安徽民居、陕晋窑洞、客家围龙屋、湘西吊脚楼等是我国最具乡土风情的建筑形式，此外还有傣族竹楼、藏族碉房和蒙古包等特色民居建筑。

3. 园林建筑

园林建筑是建造在园林内供人们游憩观赏的建筑物，如亭、榭、廊、桥、阁、轩、楼、台、舫等。北方的园林建筑具有厚重沉稳、布局严整的特点，多用色彩艳丽的彩绘进行装饰；而南方的园林建筑青瓦素墙、褐色门窗，玲珑清雅，布局灵活，常用精致的砖木雕刻作为建筑装饰。北京颐和园的长廊、扬州瘦西湖五亭桥、苏州拙政园的香洲（舫）都是著名的园林建筑。这些建筑不仅服务于园林造景，也为游览者提供了观景和休闲游憩的空间。

4．陵寝建筑

古代帝王和后妃的坟墓、祭祀殿堂以及其他附属建筑物统称为陵寝建筑。中国古人普遍重视丧葬，历代帝王从年轻时就开始修建自己的陵寝，留存了庞大的帝后墓群。这些陵寝建筑一般由地上的封土、陵园建筑和地下墓室三部分组成。根据地面封土形式，帝王陵寝可以分为"覆斗方上""因山为陵"和"宝城宝顶"三种类型。古代陵寝建筑在长期发展中，逐步与绘画、书法、雕刻等多种艺术融为一体，成为展现多种艺术成就的重要载体。

5．坛庙建筑

与祭祀活动相关的建筑就是坛庙建筑，"坛"是用于供祀的露天台子，"庙"是祭祀祖先和先贤神灵的屋子，如北京的九坛八庙（天坛、地坛、祈谷坛、朝日坛、夕月坛、太岁坛、先农坛、先蚕坛、社稷坛；太庙、奉先殿、传心殿、寿皇殿、雍和宫、堂子、文庙、历代帝王庙）就是明清帝后进行祭祀的场所，具有宣教的功能。坛庙建筑的布局与宫殿建筑一致，但是在形制上略有简化，装饰色彩不能多用黄色。

6．宗教建筑

与各种宗教活动相关的建筑就是宗教建筑，北京的宗教建筑包括佛教建筑（藏传佛教建筑）、道教建筑和伊斯兰教建筑。由于教义和使用要求的不同，宗教建筑在总体布局和建筑样式上各有特点。佛教建筑传入我国后很快本土化，明清佛寺的布局为严格对称的多进院落形式，如北京智化寺；藏传佛教建筑一般有宫殿式的木建筑和碉房式的砖石建筑两类，前者如北京雍和宫，后者如颐和园四大部洲；道教是我国土生土长的宗教，北京白云观体现了我国明代道观的建筑特点；伊斯兰教建筑在传入中国后逐渐采用了传统的木建筑形式，但是其总体布局和内部装饰仍保留了伊斯兰教的特点，如北京的牛街清真寺。

⊛ **知识链接**

宗教建筑"寺""观"名称的由来

寺是僧人住所的通称。相传东汉明帝时，天竺僧人以白马驮经东来，最初住在洛阳"鸿胪寺"，改建后称"白马寺"。隋唐以后，寺就成为中国佛教建筑的专用名词。观是道教建筑的通称。汉武帝在甘泉建造"延寿观"之后，建"观"迎仙蔚然成风。相传汉朝的汪仲都因治好汉元帝的顽疾而被引进皇宫内的"昆明观"，道教徒感激皇恩，把道教建筑称为"观"。

二、中国古建筑结构与布局

1．古建筑结构

我国的古建筑都是由台基、屋身和屋顶三部分组成的。台基是建筑物的底座，具有防腐防潮和承托建筑物的作用，须弥座是最高等级的台基，常用于宫殿建筑的主要殿堂。屋身是建筑物的主体部分，立在台基之上，是由柱子、梁枋、斗拱制作而成的房屋骨架；屋顶位于屋身之上，是我国古建筑最具特色的部分，包括庑殿顶、歇山顶、悬山顶、硬山顶、攒尖顶等多种式样，庑殿顶是最高等级的屋顶，只有宫殿建筑或坛庙建筑才能使用。

2．平面布局

中国古代建筑群的平面布局主要有对称布局和自由布局两种方式。帝王的都城、皇宫、坛庙、陵寝、寺院基本采取对称的布局形式，由一条中轴线贯穿主要建筑，次要建筑陪衬在主要建筑两侧。采用这种布局方式的建筑物一般体量较大，强调秩序感，给人以庄严肃穆的感觉。而风景园林、民居房舍以及山村水镇等建筑主要依照山川地势和自然条件因地制宜建造。这种自由灵活的布局方式与民众的生活习俗、建筑功能和文化信仰相互适应，呈现出静态和谐之美。

三、北京的古建筑

北京位于华北平原北部，西部、北部和东北部三面环山，东南部是一马平

图1-4　紫禁城俯瞰图

川。古人对北京的地理位置给出了这样的评价："幽州之地，左环沧海，右拥太行，北枕居庸，南襟河济，诚天府之国。"北京有三千多年的建城史和八百多年的建都史，曾是辽、金、元、明、清的都城，也是我国拥有皇家宫殿、庙坛、陵寝、园林数量最多的城市，为我们留下了丰富的历史文化遗产。

　　紫禁城（图1-4）居于城市的中心，是世界上现存规模最大、保存最为完整的木质结构古建筑；宫城左设太庙，右设社稷坛，天坛、地坛、日坛、月坛、雍和宫、文庙、历代帝王庙等坛庙建筑环绕在城市中心。清代城市中轴线上有永定门、正阳门、天安门（图1-5）、午门、神武门、景山、钟鼓楼等北京城的重要建筑。北京西北郊的香山静宜园、玉泉山静明园、万寿山清漪园、畅春园、圆明园等清代的"三山五园"中保留了大量的皇家园林建筑。西山八大处、潭柘寺、戒台寺、明十三陵和清东、西陵留存了宝贵的寺庙建筑和陵寝建筑。

图1-5　天安门

第二单元

儒家思想与宫殿建筑

学习导引

1. 我国封建王朝为什么尽可能选择天下之中来建立自己的国都?
2. 《周礼》中的"三朝五门"制度对紫禁城的布局有哪些影响?
3. "皇权至上"的等级制度在紫禁城的建筑规模、形制和色彩方面有哪些具体体现?

第1课 "以中为尊"的北京城

"以中为尊"的儒家思想是帝王立国建都的重要指导思想,"择中而立"是皇家建筑选址与布局的重要依据。北京城的中轴线将外城、内城、皇城和紫禁城连接起来,体现出封建帝王居天下之中而"唯我独尊"的思想。

一、儒家中庸思想

从有文字开始,"中"字便被赋予了居天地之中与天人合一的神圣意义,由此产生的大一统国家的愿望影响着中国人的政治观念。在儒家经典中,曾多次表达出"过犹不及""物极必反"的中庸思想,既不太过,又无不及,恰到好处就是儒家所谓的"中"。

《中庸》原是儒家经典《礼记》的篇目,将"中庸"作为道德行为的最高标准,将"至诚"视为人生的最高境界。"中庸"的字面含义是待人接物不偏不倚,调和折中，而其深刻的含义却是坚守原则，坚持公正，包容宽容。《吕氏春秋》将这一思想应用于帝王、社稷等国家政治领域，并进一步提出"王者择天下之中而立国，择国之中而立宫，择宫之中而立庙"，即帝王在天下的正中建立国家，在国家的中心建立自己的宫殿，在宫殿的中心建立宗祠。儒家的中庸思想为帝王立国、建都提供了选址和布局的思想依据。

《经典语录》

子贡问："师与商也孰贤？"子曰："师也过，商也不及。"曰："然则师愈与？"子曰："过犹不及。"

——《论语·先进》

中庸之为德也，其至矣乎。

——《论语·庸也》

全则必缺，极则必反。

——《吕氏春秋·博志》

二、择中而立的古代都城

中央是至高无上的象征，择中成为皇家建筑规划的重要思想，我国封建王朝都尽可能选择天下之中建立自己的王朝和国都。洛阳是华夏文明的发祥地之一，丝绸之路的东方起点，也是隋唐大运河的中心。洛阳地处九州中原腹地，素有四面环山、六水并流、八关都邑、十省通衢之称。我国最早的奴隶制国家夏朝开始在此建都，此后成为商、西周、东周、东汉、曹魏、西晋、北魏、隋朝、唐朝、武周、后梁、后唐、后晋共十三个王朝的都城，并留下二里头遗址、偃师商城遗址、东周王城遗址、汉魏洛阳城遗址、隋唐洛阳城遗址五大都城遗址。

西安地处渭河流域中部的关中平原中部，气候宜人，土地肥沃，是最早被称为"天府"的地方。从西周开始先后有秦、汉、隋、唐等十三个王朝在此定都，并修建了大量的宫殿建筑，如阿房宫（秦朝）、未央宫（汉代）、长乐宫（汉代）、大兴城（隋朝）、大明宫（唐朝）、兴庆宫（唐朝）等。

喜怒哀乐之未发，谓之中；发而皆中节，谓之和。中也者，天下之大本也；和也者，天下之达道也。致中和，天地位焉，万物育焉。

——《中庸》

王者必居天下之中，礼也。

——《荀子·大略》

择天下之中而立国，择国之中而立宫。

——《吕氏春秋》

为政之德，譬如北辰，居其所而众星共之。

——《论语》

三、"以中为尊"的北京城

1. 辽金元明清时期的北京城

辽代将幽州（今北京）作为陪都，金代迁都燕京并建造了金中都皇城，自此北京地区由陪都变为王朝的都城而大加扩建。元代按照《周礼·考工记》提出的面朝后市、左祖右社的原则在原金中都城的东北兴建了元大都。明代的北京城是由元大都城向南移动而成的，中间纵贯一条南起永定门北至钟鼓楼（图2-1为钟

图2-1 钟楼

楼）的长7.8千米的中轴线，形成左右整齐对称的布局。明代的北京城有内城和外城之分，皇城和紫禁城位于内城，并在承天门（现天安门）内东西两侧建造了太庙和社稷坛。清代沿用了明代的内外城、皇城和紫禁城。

2.北京城的中轴线

北京城的中轴线（图2-2）是古代北京城市建设中最突出的成就，它将北京的外城、内城、皇城和紫禁城连接起来，如同城市的脊梁，体现出封建帝王居天下之中而"唯我独尊"的思想。在象征皇权的紫禁城内，最重要的建筑天安门、端门、午门、太和门、太和殿、中和殿、保和殿、乾清门、乾清宫、交泰殿、坤宁宫、坤宁门、御花园、钦安殿、神武门都位于这条轴线上，而皇帝的宝座都位于正殿之正中的位置。我国建筑大师梁思成曾赞美道，北京独有的壮美秩序就由这条中轴的建立而产生，前后起伏、左右对称的体形或空间的分配都是以这中轴线为依据的。

图2-2　北京城的中轴线

第2课　紫禁城的"三朝五门"与"前朝后寝"

紫禁城位于北京中轴线的中心，是明清两代的皇家宫殿建筑群。紫禁城依据《周礼》中的"三朝五门"与"前朝后寝"制度布局建造而成，是世界上现存规模最大、保存最完整的木质结构建筑群。

一、《周礼》中的"三朝五门"

《周礼》是周朝制定的系统化的社会典章制度，这本典籍中规定了象征着尊崇礼序的"三朝五门"制度，就是用五道门将皇宫分为三个不同的行政区域，分别用于大规模礼仪性朝会、日常议政朝会和定期朝会；《周礼》所说的五门是指皋门（皇宫最外层的大门）、库门（皇宫仓库之门）、雉门（皇宫的宫门）、应门（治朝之门，取君王应天之命而为人君之意）和路门（燕朝之门，门内为天子及妃嫔燕居之所）。

从战国到南北朝时期，各个小国建造的都城宫殿几乎都不采用这种制度，直到隋朝"三朝五门"制度才被恢复采用。元朝在北京建立元大都时，以《周礼》为范本，建立了前朝后市、左祖右社的格局。明清两朝还仿照《周礼》建造了天坛、地坛、日坛、月坛、先农坛等，形成北京城现在的布局。

二、紫禁城的"五门"

1. 明清两朝的"五门"

紫禁城的"五门"是按照《周礼》中的"五门"建造的，但是在明清两朝所指的门却有所不同。明朝的"五门"是指大明门、承天门（天安门）、端门、午门、奉天门（太和门）；而在清朝时期，随着政治权力的后移，这"五门"变为天安门、端门、午门、太和门和乾清门。

天安门对应"皋门"，是皇城的第一道门，其含义取"受命于天，安邦治国"之意；端门对应"库门"，是皇城的第二道门，主要用于存放皇帝的仪仗用品；午门对应"雉门"，皇城的第三道门，也是紫禁城的宫门；太和门对应"应门"，是皇城的第四道门，也是外朝宫殿的正门，明清两朝均有"御门听政"之制，皇帝在此接受臣下朝拜、颁发诏令，处理政事；乾清门对应"路门"，是皇城的第五道门，其门后的区域是帝后寝宫以及嫔妃、皇子等居住生活的区域，也是连接内廷与外朝往来的重要通道，兼为处理政务的场所。

2．午门的结构与功能

《周礼》规定皇宫的正门称作雉门，雉是传说中一种火红的神鸟。紫禁城午门（图2-3）有五座屋脊微翘的楼阁，形似五只举翅的大鸟，故有"五凤楼"之称。午门位于属性至阳的南方，在形制上却采取了阴性意象的凹形结构，用以表示阴阳和谐，象征着中国人对于"天地人"关系的理解。

图2-3　紫禁城午门

午门的正面有三座门，两侧各有一座掖门。正面正中间最大的门是皇帝专用的大门，此外在皇帝大婚之日皇后的喜轿可以从中门进宫，殿试中状元、榜眼和探花的前三甲可以在当日从中门出宫。文武官员和宗室王公分别从东侧门和西侧门出入。每逢重大典礼及重要节日，都要在午门陈设威严的仪仗，例如每年腊月初一，皇帝都要在午门举行颁布次年历书的典礼；遇到重大战争大军凯旋时，要在午门举行向皇帝敬献战俘的"献俘礼"。

三、紫禁城的"前朝后寝"

1. 前朝三大殿

"前朝"是帝王上朝理政和举行大典之处。清代紫禁城的三大殿是太和殿、中和殿、保和殿（图2-4），它们共同坐落在三层须弥座的汉白玉台基上，从皇位坐北朝南看是"土"字形，代表五行中的"土"，象征中央最尊贵的方位。以三大殿为核心的前朝建筑群规模宏大，布局疏朗，是最能体现皇权威严和紫禁城建筑艺术的部分。

太和殿是紫禁城最重要的殿宇，"太和"的含义就是宇宙间一切关系都协调，明清皇帝即位、皇帝大婚、册立皇后、命将出征等最隆重的大典都在这里举行。中和殿位于太和殿之后，是紫禁城的明堂，平面呈正方形，四面均为门窗，表达

（1）太和殿

（2）中和殿

（3）保和殿

图2-4　紫禁城的三大殿

"向明而治"的寓意。"中和"二字取自《礼记·中庸》，意在宣扬"中庸之道"。明清两朝，在太和殿举行大典前，皇帝先在中和殿休息，并接受执事官员的朝拜。保和殿的"保和"二字出自《易经》，寓意为保持宇宙间万物和谐之意，它位于中和殿之后，在建筑艺术上与太和殿一致，但是形制低于太和殿。保和殿在明清两代用途不同，明代皇帝大典前在此更衣，清代的科举殿试在保和殿举行。

2．后寝三大殿

"后寝"是帝王与后妃们生活居住的地方。清代的后三大殿是乾清宫、交泰殿和坤宁宫，它们与前朝三大殿的建筑形制一一对应，只是体量较小而已。乾清宫和坤宁宫象征"天地"，日精、月华二门象征"日月"，东西六宫象征"十二辰"，以"仰法天象"表示帝王的统治是"上应天命"。

乾清宫坐落在单层汉白玉石台基之上，面阔九间，进深五间，黄琉璃瓦重檐庑殿顶，是后寝三大殿之首，是皇帝日常办公、接见大臣和外国使臣、受贺、赐宴之所。清代康熙皇帝以乾清宫作为内廷理事之所，帝王的"御门听政"也由明代太和门移至乾清门，大大提高了乾清宫的地位，使其由皇帝的寝宫变为清宫内廷的政治中心。交泰殿位于乾清宫之后，殿名取自《易经》，是"天地交合、康泰美满"的涵义。在元旦、皇后生日等重大节日，皇后在这里接受朝贺。坤宁宫位于交泰殿之后，明代是皇后的居所，清代变为清宫萨满教的神堂和皇帝的喜房，也是紫禁城内最能体现满族生活习惯的建筑。

根据研究发现，紫禁城建筑群是以后寝三大殿建筑群平面的长宽作为基本模数规划设计的，再以紫禁城的长宽作为模数规划设计北京城。由此可见，古代是以"帝王之家"为基本单位来规划整个国都的，体现了古代帝王"化家为国"的基本理念。

第3课　"皇权至上"的建筑等级制度

源于《周礼》并经过历代发展完善的古代建筑等级制度，对建筑规模与形制都有明确的规定，使我国古建筑形成等级分明、层次清晰、秩序井然的独特风格。紫禁城的名字、选址布局、规模体量、形制色彩、图案装饰都是"皇权至上"的体现。

一、《周礼》中的建筑等级制度

等级制度是中国古代社会统治阶级制定的一套建筑等级序列，通过对人们所使用建筑物的造型、规模、风格的限定，体现他们在社会上的身份地位，这种制度在周朝时已经形成。根据《周礼·考工记》记载："王城方九里，公城方七里，侯伯城方五里，子男城方三里，不得僭越。天子七庙，诸侯五庙，大夫三庙，士一庙，庶人无庙，祭于寝。"此外，还对建筑屋顶、屋身和台基的等级做出了明确的规定。这些建筑等级制度历经后世各朝代的修补，逐渐发展成为一套完整严格的制度。中国古建筑等级制度使建筑（群组）的等级分明、层次清晰、秩序井然，形成了我国古代建筑的独特风格。

我国古典建筑从规模上可以分为殿式、大式和小式三种。殿式即宫殿式样，是建筑的最高等级，宏伟华丽，用琉璃瓦和彩绘装饰，如佛教的大雄宝殿、阿房宫、紫禁城等；大式建筑多用于各级官员府邸和富商缙绅的宅第，不用琉璃瓦装饰，斗拱和彩绘也有严格的规定；小式建筑多用于普通百姓的住宅，只能用黑白色。

二、太和殿的体量与形制

在传统思想中，通常以"大"和"高"显示权威，所以与帝王有关的建筑群都非常雄伟宏大。太和殿是中国现存木构建筑中规模最大的建筑，它坐落于等级最高的三层汉白玉须弥座台基之上，其高度超过了北京城正阳门城楼的高度；太和殿面阔九间，进深五间，是建筑布局中"九五之尊"的最高等级；采用最高等级的重檐庑殿顶，檐头上史无前例安放十只小兽，上下两檐均采用明清斗拱的最高形制溜金斗拱，并以金龙和玺彩画装饰。宽阔的丹陛上陈设着日晷、嘉量、铜龟、铜鹤（图2-5）、铜鼎，象征着天下统一，江山永固，万寿无疆。

图2-5　铜鹤

殿内正中的宝座放置在平台上，两侧排列六根贴金云龙图案的巨柱，宝座上方天花正中安置向上隆起的藻井，藻井正中雕有巨龙，龙头下探，口衔宝珠，寓意下方坐的是真龙天子。太和殿的栏杆、踏道、门窗等也都采用最高等级的形制。

❀经典语录❀

有以高为贵者，天子之堂九尺，诸侯七尺，大夫五尺，士三尺。

——《礼记》

道大，天大，地大，王亦大。域中有四大，而王居其一焉。

——《道德经》

三、紫禁城的色彩与龙形象

1．最尊贵的黄色

在中国传统文化中，颜色也有等级之分。根据五行思想，"土"位于中间最尊贵的位置，其对应的颜色是黄色，在"以中为尊"的传统思想影响下，黄色就成为皇帝的专用颜色。紫禁城的大部分建筑使用黄色琉璃瓦，满城金碧辉煌，体现出皇家至高至尊的地位。紫禁城东面的"南三所"是专供皇子们居住和学习用的，屋顶的琉璃瓦全部是绿色，绿色的等级要低于黄色，既能体现皇子们的尊贵身份，同时也将他们与皇帝至尊的地位区分开来。

2．象征皇权的龙纹

龙是皇权的象征，在古代建筑中只有皇家建筑才能用龙的形象作为装饰。太和殿内外共有一万四千多条龙的形象，柱子、门框、屋顶、栏杆、琉璃瓦等都雕有龙纹，时时刻刻都在表达着皇权至上的寓意。殿内正上方中间位置是金龙藻井，周围十六条小龙围绕着中间的一条黄金大龙，殿内每一块天花板也都有一条金色的盘龙。皇帝的金銮殿宝座上面有十三条立体的黄金龙，宝座后面的屏风、龙椅前方的平台及陈设也都装饰了龙纹，在宝座区域就有四百多条龙。宝座两侧六根金柱上是沥粉贴金的云龙图案。在大殿东西北三面墙上，共装饰了三百多条金龙。

图2-6　云龙大石雕

保和殿后面的御路云龙大石雕（图2-6）在山崖、海水和流云之中雕刻着九条凌空飞舞的巨龙，它们或升或降，高高地突起在巨石的表面，造型生动。宁寿宫的九龙壁（图2-7）以高浮雕手法雕刻的九条龙形态逼真，既是皇权的象征，也是珍贵的艺术精品。

图2-7　九龙壁

第三单元

伦理观念与民居建筑

学习导引

1. 我国为什么会出现类型多样的民居建筑？这些建筑的形制结构受到哪些
   因素的影响？
2. 北京四合院与胡同在布局上各有什么特点？
3. 中国的礼制文化与民俗文化在北京四合院与胡同有哪些体现？

第1课　我国民居建筑

中国历史悠久，地域辽阔，远古时期的先民营建出各具特色的居所，成为后世建筑的开端。我国北方民居建筑重视采光，南方民居建筑重视通风，各地区、各民族的民居建筑因地域特点和宗教信仰而各具特色。

一、北方地区民居建筑

我国的北方是指秦岭—淮河一线以北地区，洞穴是北方先民最原始的居所。北方地区气候相对寒冷，地形相对平坦，建筑材料相对单一，在这些因素的制约下，北方民居呈现出质朴敦厚的特色，房屋方位端正、分布均匀、排列整齐，正房多为坐北朝南。北方的民居建筑大致可以分为三种类型：第一类是以北京四合院为代表的合院建筑；第二类是以黄土高原窑洞为代表的窑洞建筑；第三类是以山西的乔家大院和王家大院为代表的大型宅院建筑。

陕西、山西、宁夏等地处黄土高原的地区，其居民充分利用当地深厚的黄土，在天然的土壁上建造了独具特色的民居——窑洞。窑洞的内外部形态均呈圆拱形，在单调的黄土背景下显得轻巧而活泼，也是"天圆地方"思想的体现；阳光可以通过窑洞上的高窗深入室内，冬暖夏凉，居住舒适。山西的王家大院继承了西周时期前堂后寝的庭院风格，建造了规模庞大、功能齐全且各具特色的众多院落。这些院落在规模和形制上尊卑贵贱有等、上下长幼有序、内外男女有别，既珠联璧合又独立成章，体现出官宦门第的威严和宗法礼制的规整。

二、南方地区民居建筑

我国的南方地区是指秦岭-淮河一线以南的广大地区，"巢居"是南方先民最原始的居住方式。徽派建筑、苏派建筑与福建土楼是非常具有代表性的南方民居建筑。徽派建筑的外形古朴优美，高墙深院、粉墙黛瓦、错落有致的马头墙和以天井为中心的内向合院是其突出的特点。西递村和宏村是皖南古村落的代表，集中体现了徽派民居建筑工艺精湛的特色。苏派建筑呈现园林式布局特征，民居外观为两坡屋面、粉墙黛瓦，具有轻巧简洁、古朴典雅的艺术特色；民居建筑布局完整有序，并沿街道弯曲凹凸而呈不规则形状，充满了江南水乡古老文化的韵味。

福建土楼依山傍水，历史悠久，风格粗犷古朴，是世界上独一无二的山区民居建筑。土楼的外观主要有方、圆两种，但是以圆形为经典形状，是中国"天圆地方"传统思想的体现，也是家族内部长幼等级分明，族规法度井然的体现。土楼内部结构复杂多样，上、中、下三堂采用中轴线布局方式，下堂位于土楼最前端，是进出土楼的通道；中堂居于中心位置，是家族的厅堂，也是接待宾客和重要时节聚会的场所；上堂位于最里面，是供奉祖先牌位的宗祠，也是后人祭拜祖先的场所。福建南靖县的田螺坑土楼群（图3-1）是享誉世界的土楼名片，这组土楼群由方形、圆形、椭圆形的五座土楼构成，从整体上展现出稳中有变、高低错落的和谐之美，同时蕴含着"金木水火土"的中国传统五行思想。

图3-1 福建田螺坑土楼群

三、少数民族民居建筑

中国少数民族生活地区的自然环境与民族习俗造就了类型多样的少数民族民居建筑。以牧区的蒙古包和毡房为代表的"毡帐"是北方草原民族——蒙古族的民居建筑。它们的外形呈圆形尖顶，室内采光好，冬暖夏凉，建造过程简单，材料可以反复利用，非常适于游牧民族的游牧生活。

藏族的碉楼是青藏高原的代表性民居建筑。碉楼以当地丰富的石材为主要建筑原料，具有下宽上窄、顶部平坦、布局合理、造型完整等特点。它不仅是家族共同生活的居所，也是抵挡外来侵扰的军事防

扩展阅读

福建承启楼

福建龙岩的承启楼是环数最多、规模最大的客家圆形土楼，有"土楼王"的美称。这座楼依山而建，面南背北，有利于采光通风，冬暖夏凉的内部环境非常舒适。承启楼外圈楼高四层，内部分为四圈，全楼按照《易经》八卦布局。外环、二环、三环均为八个卦，外环卦与卦之间以青砖墙相隔，界线分明；墙上有造型精巧的拱门，便于通行；外层的三环楼层层叠套，守护着位于中心位置的祖堂，共同构成了这座庄重而壮观的家族之楼。

御设施，更是雪域高原一道独特的风景。

维吾尔族的房屋平面多为方形，厚墙平顶，四面只留门没有窗，室内主要依靠屋顶的天窗采光；有前廊和半地下的券顶居室用以避暑；庭院中搭有高大的葡萄架或凉棚；室内有壁炉用来取暖，并用精致的石膏花装饰。

傣族的竹楼属于干栏式建筑，依山傍水隐蔽于绿荫丛中。竹楼的平面为方形，建造材料几乎全部为竹子，取材方便、建造简单。竹楼冬暖夏凉、通风良好，上层用于居住，下层用来储物，非常适应当地高温湿热的气候条件。

第2课　北京民居四合院

合院是我国民居建筑的主要形式，体现出农耕民族内敛的居住特点，它不仅为家族生活提供了安全舒适的环境，也满足了亲情守望的心理需求，更是中国传统的尊卑等级思想和祈福避祸的民俗观念的体现。北京四合院就是合院建筑的典型代表。

一、四合院的布局

四合院就是东南西北四面围合的院子，它是北京最具代表性的民居建筑，主要分布在北京城的胡同中，是最富有生活气息的处所。北京四合院采用中国传统建筑布局方式，以中轴线为中心，最重要的建筑坐落在轴线上，次要建筑排布在轴线两侧；四合院坐北朝南的正房是主人居住的地方，一般是三正两耳共五间；院子的东西两侧为厢房，一般为三间，是儿孙晚辈们居住的地方；南屋也称倒座，一般为四间，是佣人或客人居住的地方。走廊连接正房和两侧的厢房，使整座四合院既有整体的视觉美感，又便于人们行走和休息。正房和厢房的门窗都向院内开敞，大门一般开在院子的东南方向，是院内与外界沟通的唯一通道，关上大门就可以保证院内生活的安全性和私密性。

以上的"单进四合院"是标准的北京四合院，在此基础上形成了更简单和更复杂的形式。"三合院"只有正房和东西两侧的厢房，南面的倒座房变为了院墙，这是四合院的简化形式；多进四合院通过南北中轴线的延伸，构建出"两进四合院""三进四合院"等空间结构更复杂的形式；官宦富贵人家的深宅大院在中轴线的两侧还设置了次要轴线，形成了与中轴线四合院并列的跨院形式。

知识链接

四合院中的垂花门

垂花门位于院落的中轴线上，一般来说两进以上的四合院会设置垂花门，用于分隔外院与内宅，外人一般不得随便出入这道门。垂花门的檐柱垂吊在屋檐下而不落地，并且垂柱下有花瓣形式的彩绘垂珠。垂花门有内外两道门，向外的两扇"棋盘门"比较厚重，白天开启可以通行，晚上关闭发挥安全保卫的作用；向内的绿色"屏门"主要用于遮挡视线，日常通行一般不经过屏门，而是通过屏门两侧的侧门或游廊到达内院。垂花门上的"玉棠富贵""福禄寿喜""岁寒三友"等题词是主人对美好生活的憧憬，也是其家世财力和文化素养的体现。垂花门具有占天不占地的特点，门内较大的空间为女眷们交谈与话别提供了场所。在北海公园的画舫斋、颐和园、恭王府、郭沫若故居中都设有华美的垂花门。

二、北京知名的四合院

北京四合院历史悠久，自元代以来，无论是王公大臣、文人学士，还是普通百姓都住在大大小小四合院中，留下了郭沫若故居、齐白石故居、鲁迅故居、茅盾故居、老舍故居、梅兰芳故居等众多知名的四合院。

郭沫若故居（图3-2）位于北京市西城区前海西街，原为清代大官僚和珅的一座花园，民国年间是达仁堂乐家药铺的宅院。这座两进四合院占地面积较大，大门面朝东，门内是大型的砖雕照壁，垂花门将院落分为南部的前庭和北部的住宅。正房为五正两耳共七间，是主人的工作室、会客厅和卧室；东西厢房各三间，是子女的卧房；各房之间以游廊串联，并且有封闭的走廊通往后院。后院是一排九间的后罩房，是主人研习书法的场所；东跨院保存了主人大量手稿和图书等珍贵的文献资料。庭院内种植牡丹、海棠、银杏、月季和松树等植物，景色清

图3-2　郭沫若故居

幽雅致。

　　齐白石旧居纪念馆位于北京市东城区南锣鼓巷雨儿胡同，原为清代官僚宅第的一部分。这是一座比较典型的单体四合院，院落坐北朝南，有正房三间，两侧带耳房各三间，东西厢房各三间。倒座房原为三间，后来将东面的房子改为大门，大门位于东南方向。房屋之间由转角廊相连，院落东西还各带着一个小跨院，西跨院的屏门上保留着"紫气东来"的砖雕。

三、北京四合院文化

1. 礼制思想

在"以中为尊"的中国传统思想中，中间是最尊贵的位置。四合院的正房位于正中间的中轴线上，面积较大、装饰精美，是地位最高的一家之长的居所；东西厢房对称分布在轴线两侧，面积相对较小，对正房形成拱围之态，是儿女居住的地方。四合院的建筑布局与使用方式是中国"礼制"思想在家庭中的体现，表达父尊子卑、长幼有序、男女有别的伦理观念。

2．周易八卦思想

四合院的方位布局遵循周易八卦思想，正房居于正北的"坎"位，属水；大门居东南的"巽"位，属木；正房与大门寓意水木相生。正房的门窗朝南，南方为"离"和"火"，寓意光明；大门的"巽"位对应"风"和"入"，寓意财源如风滚滚进入家门。东为"震"位，卦象为长男，因此东厢房常作为男性子嗣的居所；西方为"兑"，卦象为少女，西厢房就是年轻女性的居处。

3．植物民俗寓意

四合院宽敞的院落中常常栽植槐树、海棠、石榴、桂花等植物，在美化环境的同时，也表达出主人对美好生活的向往。槐树是北京的本土植物，由于从周朝开始就有"面三槐，三公位焉"的说法，因而被赋予富贵功名的寓意，深受人们的喜爱。院内种植的玉兰、海棠与牡丹具有"玉堂富贵"的吉祥寓意；石榴象征着日子红红火火，多子多福；桂花芳香淡雅，寓意富贵吉祥。

第3课　北京胡同

北京的胡同不仅是老北京人生活的场所，也是北京城市格局的构建者与时代变迁的见证者。一条条胡同就像一座座民俗博物馆，记录着北京的风土人情与厚重的历史文化。

一、北京胡同的布局

古都北京的街巷系统经历了宋、辽时期的"里坊制"后，到元代发展成为"街巷制"，并逐步形成"街道—胡同—四合院"体系。元大都的主次干道将城市分成若干坊，并在干道两侧的坊内设置各类商业店铺；坊内区域沿南北干道开辟东西向的平行巷道——胡同，作为民居住宅区域的通道，四合院就坐落于胡同之中，以保持相对安静的居住环境。这种闹中取静的街巷布局方式，使居住区避开城市的喧嚣，又获得城市提供的交通与商业的便利。老舍在《想北平》一文中认为，北京胡同的布局方式是"天下第一"的理想城市模式。

明代北京内城道路的主要模式仍然是沿东西方向排列的胡同，但是也出现了南北向的胡同，还有部分"斜街"，如樱桃斜街、上斜街、下斜街等。外城由于缺乏统一规划，街巷自由发展，最终形成极不规则的道路系统。由于元代放松了对道路宽度的要求，因此出现了宽度不一、形态丰富的胡同。北京内城的官方规划布局与外城的民间自由生长，将中国传统城市规划中的"匠人营国"与"因地制宜"两大基本理念有机地结合起来，成为中国传统城市的典范。

二、北京知名的胡同

南锣鼓巷是一条建于元代的古老街道，距今已有七百多年的历史。这条街巷位于北京东城区，南起地安门东大街，北至鼓楼大街，全长约七百多米，宽八米。南锣鼓巷仍然保持着元代的规划布局，东西两侧对称分布着八条平行的胡同（由南至北东侧的胡同依次是炒豆胡同、板厂胡同、东棉花胡同、北兵马司胡同、秦老胡同、前圆恩寺胡同、后圆恩寺胡同、菊儿胡同；西侧的胡同依次是福祥胡同、蓑衣胡同、雨儿胡同、帽儿胡同、景阳胡同、沙井胡同、黑芝麻胡同、前鼓楼苑胡同），从外形看就像一只蜈蚣，所以又被称为"蜈蚣街"。这些胡同里既有官宦世家的府邸，也有普通百姓的住宅，达官贵人、社会名流、文化大师、画坛泰斗等都曾在这里生活，为后世留下了宝贵的历史文物；走出胡同即可到达各类商业店铺（粮店、肉铺、豆腐房、酒铺、煤铺、铁匠铺、药铺、理发铺、成衣铺、文具铺、当铺），这些店铺能够满足居民日常生活的基本需要。南锣鼓巷不仅是我国保存最为完整、规模最大、品级最高的棋盘式传统民居区，也是北京最古老、最富风情的传统文化街区之一。

╭─ 扩展阅读 ─╮──○

南锣鼓巷里的名人故居

清代僧格林沁的王府位于炒豆胡同内。历史上的僧王府规模很大,分为东、中、西三路,各有四进院落,纵跨了两条胡同。民国后,这座府邸被分成了许多院落拍卖,现在位于77号院的"僧王府"已经成为东城区重点文物保护单位。

清末大学士文煜的住宅和花园位于帽儿胡同,这座府邸五院并联,占地一万多平方米。这位武英殿大学士仿照苏州拙政园和狮子林,精心修筑了私家园林——可园。这所园林虽然面积不大,但是疏朗有致,被认为是晚清北京最有艺术价值的私家园林,目前已被列为国家级重点文物保护单位,不对外开放。

三、北京的胡同文化

1．胡同的名称

北京的胡同由元代的四百多条,发展到明清的两千多条,生活在这里的居民共同创造了极具生活气息的胡同文化,胡同早期名称中的"吃""穿""用"就是其重要的体现。俗话说"民以食为天",北京胡同名称中的"食"可以说是应有尽有了:细米胡同、干面胡同、豆腐池胡同、葱店胡同、油坊胡同、酱坊胡同、醋儿胡同、茶儿胡同、烧酒胡同等;俗话说:"人靠衣装马靠鞍",北京胡同名称中的"衣服"和"装饰品"也相当丰富:裤子胡同、方巾胡同、胭脂胡同、翠花胡同、香串胡同等;老百姓日常生活所用的各种器物也能在胡同里"找到":毡子胡同、劈柴胡同、钥匙胡同、麻线胡同、锥把胡同、锡蜡胡同、取灯胡同、手帕胡同、笔管胡同、宝钞胡同等;与老百姓共同生活的动植物也经常出现在胡同的名称中:驴市胡同、马厂胡同、鹰房胡同、喜鹊胡同、金鱼胡同、槐树胡同、柳树胡同、椿树胡同、枣林胡同等。

老北京胡同的名称里也蕴含着当地特有的风土人情。从月牙儿胡同、玉带胡同、碧峰胡同、正觉寺胡同、宝禅寺胡同中,可以"看"到北京的自然风景与建筑特色;从雨儿胡同、井儿胡同、帽儿胡同、菊儿胡同、鸦儿胡同中,可以感受到北京方言中特有的儿化音韵之美;从文丞相胡同、蒋大人胡同、石驸马胡同、广宁伯胡同、卢老儿胡同、宋姑娘胡同中,可以体会到历史上的官宦与百姓共同创造的胡同文化；从喜庆胡同、福顺胡同、寿比胡同、永祥胡同、吉市口胡同、平安胡同中，可以感受到生活在老北京胡同里的人们对美好生活的追求与向往。

2. 胡同里的邻里关系

独门独院的四合院是老北京人的住所，而一条条胡同成为连接四合院的重要通道，也成为联系家家户户的重要纽带。胡同里的居民在这里一住就是几十年甚至几代人，彼此之间非常熟悉，也非常注重邻里关系：出入四合院的邻里邻居在胡同中相遇，都会彼此打个招呼，问候一声"吉祥"；遇到街坊邻居婚丧嫁娶的大事，大家都要随点份子，表达自己的心意，充满了浓浓的人情味。

扩展阅读

胡同里的叫卖声

为了招揽生意，旧时老北京的小商贩经常走街串巷地在胡同中叫卖。一气呵成的叫卖声大量使用儿化音，语言通俗易懂且诙谐幽默，其内容和韵律体现出强烈的传统京味民俗风情。2007年，老北京叫卖被正式列入北京市级非物质文化遗产保护名录。

胡同里西瓜的叫卖声，"这斗大的西瓜，船大的块来，远瞧瓢儿啦近瞧块来，沙着你的口儿甜来，这两个大来。"胡同里十三香的叫卖声，"小小的纸啊四四方方，东汉蔡伦造纸张，要问这纸啊有啥用，听我来慢慢的说端详：南京用它包绸缎，北京用它来包文章，此纸落在我的手，张张包的本是十三香；上等花椒八角料，陈皮肉桂是加良姜啊；丁香木香亲哥俩，同胞姐妹是大小茴香；夏天热，冬天凉，冬夏离不了这十三香；亲朋好友来聚会，挽挽袖子就下了厨房，煎炒烹炸味道美，鸡鸭鱼肉是喷喷儿的香；八洞的神仙来拜访，才知道用了我的十三香，啊哎。"

第四单元

祭天祀祖的坛庙建筑

┌─── 学习导引 ───┐

1. 天坛在选址、布局、建筑形制等方面突出体现了哪种文化？

2. 清代有哪些祭祖建筑？祭祖文化在祭祖建筑中是如何体现的？

3. 清代对儒家文化的重视，在孔庙建筑中是如何得到体现的？

第1课　祭天建筑

祭天建筑属于礼制建筑。坛就是祭坛，是祭祀神灵的高台；庙就是宗庙，是供奉神佛、名人或祖宗神位的地方。"国之大事，在祀与戎"，坛庙建筑与祭祀礼仪在中国传统礼治体系中占据核心的地位。

一、华夏神谱与祭祀坛庙

1. 华夏神谱

华夏大地的神灵数量庞大，按照类别可以分为始祖神、自然保护神、冥界神、生活守护神、道教神、佛教神等。始祖神包括盘古、女娲、伏羲、炎帝、黄帝等；自然界的神灵非常多，如日神、月神、北斗、五岳神、龙王、山神等；生活守护神包括后土、城隍、土地神等。

2. 祭祀坛庙

明清时期北京的"九坛八庙"就是皇家祭祀诸神的代表性建筑；而民间的土

地庙、龙王庙、城隍庙、吕祖庙等是普通百姓祭祀神灵的场所。每座坛庙并不只是供奉一位神灵，而是供奉与之相关的多位神灵。祭天是国家祭祀中最主要的内容，周朝确定了冬至日祭天的制度，表达阴极阳升、万物复苏和国家复兴的寓意。西汉建造圜丘作为祭天的建筑，清代沿袭明代后期的祭天制度，最终形成了天坛现在的整体格局与相应的祭祀礼仪。

二、天坛的布局与建筑

1. 天坛的布局

天坛位于北京城中轴线的东南方，它是圜丘和祈谷两坛的总称，是明清两代帝王祭祀皇天、祈五谷丰登的场所。天坛是中国现存最大的祭坛建筑群，在整体布局方面都展现出皇帝与上天的特殊关系。天坛内外坛构成"回"字形结构，南边和北边外坛墙转角处呈现南方北圆的形状，寓意天圆地方；丹陛桥作为中轴线，由北向南逐渐升高，象征着皇帝步步高升而与上天相连；中轴线将天坛分为南北西东四个部分，南面为圜丘坛建筑群，北面是祈谷坛建筑群，西侧是斋宫建筑群，东侧是神厨神库等。

2. 圜丘坛与祈年殿

圜丘（图4-1）是明清时期举行祀天大典的场所，它的石阶、各层台面、石栏板的数量均为"九"或"九"的倍数。上层台面围绕圜丘中心的"天心石"呈环状分布，第一圈砌九块石板，紧邻的第二圈为十八块石板，第三圈再递增九块，直至第九圈的"九九"八十一块，以这样的布局方式寓意"九重天"。"天心石"[图4-1（2）]被认为是天的中心，皇帝作为天子，在天心石上祭祀上天。皇穹宇是圜丘坛天库的正殿，上覆蓝瓦金顶，精巧庄重，是平时供奉祀天大典所供神版的殿宇。

祈年殿（图4-2）初名为"大祀殿"，是一座长方形殿宇；明嘉靖年间改为三重檐圆殿，更名"大享殿"，殿顶从上至下覆盖青、黄、绿三色琉璃，寓意天地和万物；清乾隆年间将殿顶改为现在的蓝瓦金顶，更名"祈年殿"，作为正月祈谷的专用建筑。祈年殿内部结构具有丰富的象征意义。大殿内层的四根"龙井

（1）圜丘坛

（2）天心石

图4-1　天坛圜丘

图4-2　祈年殿

柱"象征春、夏、秋、冬一年四季；中层的十二根"金柱"象征一年十二个月；外层的十二根"檐柱"象征一天十二个时辰；中层与外层相加的二十四根柱象征一年二十四个节气；三层总共二十八根象征天上的二十八星宿；再加上龙井柱间的八根童柱共三十六根，象征三十六天罡；六宝顶下的雷公柱则象征皇帝"一统天下"。

传统文化

皇家至尊的数字"九"

"九"是龙形图腾化文字，有神圣的含义；既是个位数字最大的，又是最大的阳数，表示阳数之极，有"全部"和"之最"的意思，象征神圣和吉祥。《易·乾》："九五，飞龙在天，利见大人。"因此，"九"代表龙，代表天，九五之尊成为帝王的代名词。

三、天坛的象征文化

天坛既是皇帝祭天的场所，也是表达皇权至上的建筑。通过象征的手法，天坛处处体现"君权神授""天人合一"和"九五之尊"的思想。天坛位于东南方向，是太阳初升的地方，也是至阳的方向，象征统治者拥有至高无上的权力。天坛在巨大的空间中种植苍翠的松柏，营造出庄严肃穆的氛围，呼应古人"苍璧礼天"的观念。天坛的天心石、回音壁（图4-3）、三音石等声学建筑，营造出天人对话的神秘意境，象征着皇帝与上天对话的权力；当皇帝站在天心石上与上天对话，接受上天的旨意，声音洪亮悠扬，表现出一呼百应的威严感，彰显皇帝作为天之子的绝对权威和皇权的至高无上。

天坛虽然是皇家建筑，但是从建筑屋顶的色彩来看，并没有使用皇家形制的黄色，而是以蓝色和绿色为主。祈年殿和皇穹宇等建筑屋顶的琉璃瓦是蓝色，象征着浩瀚的上天；斋宫作为皇帝的"行宫"却使用了绿色，表达了皇帝在上天面前的儿臣身份，以及对于上天的虔诚敬仰。天坛建筑的蓝绿色彩，既体现了皇帝"奉天承运"管理人间的使命，也彰显了皇帝作为"天之子"的尊贵地位。

图4-3　天坛回音壁

知识链接

地坛

地坛又称方泽坛，位于北京东城区安定门外，与天坛遥相对应，是明清两朝帝王祭祀"皇地祇神"的场所。明清帝王承袭《周礼》之制，在阴历夏至日"大祀方泽"。地坛是中国现存最大的祭地之坛，主要建筑包括方泽坛和皇祇室。地坛坛面呈方形，是"天圆地方"思想的体现，坛台四周有棂星门。坛台分上下两层，下层坛台南半部东西两侧各有一座山形纹石雕座，其上共设石神座十五尊，供祭祀时奉安五岳、五镇、五陵山之神位；北半部东西两侧各有一座水形纹石雕座，其上共设石神座八座，供祭祀奉安四海、四渎之神位。皇祇室是日常供奉这些神位的建筑。

第2课　祭祖建筑

祖先崇拜是中华民族传统的文化特征之一，上到帝王将相下到黎民百姓都保留着祭祀祖先的习俗。祖庙的等级差别很大，小到市民的家庙，大到士族、官宦的族祠，乃至皇家的太庙，都属于祖庙的范畴。北京太庙是明清两代皇室的祖庙，也是国家礼制建筑中等级最高的建筑，是中国古代建筑的瑰宝。

一、太庙的建筑布局

太庙（图4-4）位于紫禁城的东南方，是明清两代皇帝祭祀祖先的家庙，也是我国仅存的代表性最强、保存最完整的古代帝王祭祖建筑群。太庙的建筑等级仅次于紫禁城的前三大殿，可见皇室祭祖礼仪规格之高。太庙坐北朝南，平面呈长方形，总体布局严谨，形制尊贵；中轴线上由南向北依次布局着规模宏大的享殿、寝殿和祧殿等主体建筑；轴线两侧是附属建筑，在形制等级和空间位置上都处于从属地位。

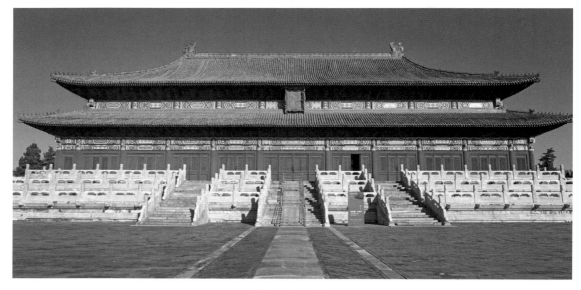

图4-4　太庙

享殿是明清两代皇帝举行祭祖大典的场所，也是整座建筑中形制最高、体量规模最大、最为尊贵的建筑。它居于院落的几何中心位置，体现了"以中为尊"的礼制思想，殿内神龛按照左昭右穆的顺序，供奉清朝历代皇帝的牌位。享殿的东配殿供奉满蒙十三位有功亲王的牌位，西配殿供奉十三位文武功臣的牌位，体现出君尊臣卑、尊卑有别的礼制思想。寝殿位于享殿之后，形成前朝后寝的格局，殿内同堂异室，供奉十一代帝后的牌位。祧殿供奉着清朝立国前被追封的帝后神牌。

二、清代皇家其他祭祖建筑

清代皇家的祭祖建筑除了太庙外，还有紫禁城内的奉先殿和景山公园内的寿皇殿（图4-5）。奉先殿建筑群前为正殿，后为寝殿，前后殿之间以穿堂相连，形成内部通道，四周缭以高垣，有"小太庙"之称。按清代祭祖礼仪，在朔望、万寿圣节、元旦及国家大庆等时节，在前殿举行大祭；在元宵、清明、中元以及册立、册封等庆典前，在后殿上香祭拜。

寿皇殿是北京中轴线上的重要建筑，是清代皇家举行祖先祭祀活动的场

（1）寿皇殿外景

（2）寿皇殿内景

（3）寿皇殿内景

图4-5 寿皇殿

所。寿皇殿建筑群坐北朝南，平面呈方形，布局严整、气势宏伟。寿皇殿的祭祖制度起初只是供奉康熙皇帝的"神御"，后来成为供奉清代历朝皇帝神像的处所。寿皇殿内原设置大龙柜，收藏着大批清代帝后妃嫔的各类画像。

三、祭祖文化

中国古代修建宗庙是国家的大事，祭祀天地是报答天地覆载之德，祭祀祖先则是感谢赐予生命之恩。祭祖历经数千年沿袭传承，已内化为中国人的心理需求和感情依托。每年清明，民众会在陕西省黄陵县桥山黄帝陵祭祀我们共同的祖先黄帝；每年除夕、清明节、重阳节、中元节这些重要节日，我们都要祭拜自己的祖先。祭祖的意义不仅是慎终追远，表达对祖先的孝道之心，也是希望祖先庇佑后代子孙昌盛。在祭祀中会追忆祖先德行，感恩父母养育之情，培养仁厚之心。

❦ 经典语录 ❧

礼有三本：天地者，生之本也；先祖者，类之本也；君师者，治之本也。无天地，恶生？无先祖，恶出？无君师，恶治？三者偏亡，焉无安人。故礼、上事天，下事地，尊先祖，而隆君师。是礼之三本也。

——《荀子》

其为人也孝弟，而好犯上者，鲜矣；不好犯上而好作乱者，未之有也。君子务本，本立而道生。孝弟也者，其为仁之本与！

——《论语》

第3课　祭祀先贤的建筑

孔庙是元、明、清三代皇家祭祀孔子的场所，是皇家祠庙的重要组成部分，与太庙和历代帝王庙具有同等重要的地位。国子监与孔庙左右毗邻，是"左庙右学"礼制思想的体现。

一、孔庙的建筑布局

北京孔庙和国子监位于东城区安定门，两座建筑群采用庙学相依的布局方式，东侧为孔庙，西侧是太学国子监，并由两组南北平行的中轴线贯穿，形成有机的整体。孔庙是元、明、清三朝帝王举行国家祭孔典礼的地方。孔庙的中轴线上由南向北依次布局先师门、大成门（图4-6）、大成殿、崇圣门、崇圣祠五座主要建筑，轴线两侧是配殿廊庑。孔庙共分三进院落，第一进院落中存放着元、明、清三代进士的题名碑；第二进院落的规模最大、建筑等级最高，是举行祭祀礼仪的中心场所；第三进院落是崇圣祠，是祭祀孔子五代先祖的专祠，院落规模较小。这些建筑根据尊卑地位采用相应的建筑形制，并被安置在恰当的位置上，这也是礼制文化的体现。

大成殿坐北朝南，位于中轴线上，整体规制与紫禁城太和殿相似，是举行祭礼的正殿，也是孔庙建筑群的核心建筑。"大成"表达的是孔子对中国文化的"集

图4-6 孔庙大成门

大成"贡献。大成殿内两幅楹联分别是"齐家治国平天下信斯言也布在方策，率性修道致中和得其门者譬之宫；气备四时与天地鬼神日月合其德，教垂万世继尧舜禹汤文武人之师"，体现的就是至圣先师孔子的思想精华。

清代重视儒家文化，孔庙的建筑规制级别不断提高。顺治年间尊称孔庙为"大成文宣"，康熙年间改题"至圣先师"，并亲笔御书"万世师表"匾额悬挂孔庙大成殿。乾隆年间大成殿和碑亭等建筑均改为黄瓦，提升至与皇家建筑相同的规制，又入祀宋代大儒朱熹，以表达对程朱理学的尊崇。光绪年间，孔庙大成殿改为九间五进，体现帝王的"九五之尊"，其祭祀礼仪也提高为国家的最高等级大祀。

二、国子监的建筑布局

国子监是元、明、清三代国家设立的最高学府和教育行政管理机构，又称"太学"或"国学"。经过历代的修缮和增建，形成了现在的形制和规模，是唯一保存完整的古代最高学府校址。国子监坐北朝南，是中轴线布局的三进院落。中轴线上坐落着集贤门、太学门、琉璃牌坊和辟雍殿等重要建筑。

辟雍（图4-7）是一座专门供皇帝讲学用的宫殿，也是国子监的主要建筑，其

（1）辟雍外景

（2）辟雍内部陈设

图4-7　国子监的辟雍

四方的建筑形制独一无二；辟雍四周水池环绕，东南西北各有一座石桥通达殿堂的四门，构成"辟雍环水"独特的建筑风格。琉璃牌坊位于辟雍的南面，可以看作辟雍的大门；牌坊顶覆盖黄色琉璃瓦，高大华美，牌坊中门上方的南北两面分别书写"圜桥教泽"和"学海节观"横额，都表达与教育相关的内容。

三、祭孔文化

祭祀孔子是中国古代国家祭祀的重要组成部分。从周朝开始，就通过祭奠先师的方式来表达尊师重道之意；汉朝开创了帝王祭孔的源头，之后的王朝将祭孔规制一再提高。清代将文庙作为正统文化的代表而备受帝王的关注，清末全国设立的文庙有1700多处。除了每年举行祭孔大典外，告祭也非常繁杂，如平定叛乱、祈求丰年、皇帝登基、皇帝或皇太后逢十大寿、皇帝南巡、立国储、立正宫都会派官祭告。清代还首创了献功文庙的制度，先后七次在文庙献功，留下了众多的碑亭（图4-8）和石碑。清末将祭孔大典升格为大祀，与祭天、祭地、祭先祖并重，由皇帝亲行祭祀并且行三跪九叩跪拜之礼。

图4-8　孔庙内碑亭

《经典语录》

　　民非社稷、三皇，则无以生；非孔子之道，则无以立。尧、舜、禹、汤、文、武、周公，皆圣人也，然发挥三纲五常之道，载之于经仪，范百王，师表万世，使世愈降而人极不坠者，孔子力也。孔子以道设教，天下祀之，非祀其人，祀其教也，祀其道也。今使天下之人，读其书，由其教，行其道，而不得举其祀，非所以维人心、扶世教也。

——《明史》

第五单元

"事死如事生"的陵墓建筑

学习导引

1. 我国的墓葬制度是如何起源的，帝王陵寝的封土形式经历了怎样的演变过程？
2. 明十三陵的整体布局是如何体现中国礼制文化的？
3. "昭穆之制"对形成清东陵和清西陵的格局有什么重要的意义？

第1课　帝王陵寝

帝王陵寝历经漫长的演变过程，发展成为集地下安葬与地上祭祀于一体的陵寝建筑，占地广阔、规制严整、规模宏伟。秦始皇陵、陕西汉唐陵、南京明孝陵、北京明十三陵、清东陵和清西陵等是中国皇家陵寝建筑的杰出代表。

一、墓葬的起源

早在氏族时期，我国先民就有了灵魂观念，认为人死后在阴间仍然过着类似阳间的生活。生者便模仿人间的居室为死者修建墓穴，作为死者灵魂生活的场所，并将死者生前的服饰和用品葬入墓室供死者在阴间继续享用，这就是墓葬制度。春秋时期，儒家大力提倡"孝道"，形成厚葬之风，并发展成为隆重而复杂的"事死如事生"的祭祀礼仪制度。从秦代开始，在死者的墓室前建造了专供祭祀用的建筑物，最终形成了集安葬与祭祀为一体的陵墓建筑。

早期墓穴的地面既不封土，也不留特殊的标志，正如《礼记》记载："古也，墓而不坟。"春秋战国时期，诸侯国开始在墓穴上垒土成坟，作为墓地的永久性标志，并逐渐发展为一种墓葬仪式制度，地位越高，封土越大，墓碑也越高；君王的地位最高，封土也最高大，如同山陵一般，因此君王的墓地被称作"陵"。

《经典语录》

敬其所尊，爱其所亲。事死如事生，事亡如事存，孝之至也。

——《中庸》

丧礼者，以生者饰死者也，大象其生，以送其死，事死如生，事亡如存。

——《荀子·礼论》

二、帝王陵寝的演变

1. 覆斗方上

中国早期的墓穴封土采用在地宫上方用黄土夯筑成下大上小的锥台式样，形状就像倒扣的斗；上方是方形的平顶，故称为"方上"。覆斗方上的封土形式被赋予帝王主宰大地而独霸四方的寓意，自周朝开始沿用至隋朝，后又被宋朝选用，称为沿用朝代最多的形制。秦汉时期帝王的陵墓就采用这种形式，秦始皇陵墓的陵冢体量最大。

2. 因山为陵

这种陵寝是将墓穴修建在山体之中，以整座山作为陵墓的陵冢，利用山岳雄伟的气势体现帝王至高无上的权威。因山为陵的形式起源于汉文帝霸陵，东晋、南朝以及唐代帝王陵墓大多采用这种形式。唐太宗将"因山为陵"确定为帝陵制度，并诏令子孙后代"永以为法"。唐昭陵和乾陵的山势雄伟、陵园广阔、殿宇高大、石雕精美，是因山为陵墓葬制度的典型代表。

3. 宝城宝顶

明清时期帝王陵寝的地上部分仿照宫殿建筑，由南向北分为三进院落：第一进院落设置碑亭、神厨、神库等；第二进院落是祭殿和配殿；第三进院落是埋葬先皇的地方,设有牌坊、五供座、方城明楼和宝城宝顶。"宝城"是在地宫上方砌成的圆形或椭圆形围墙;"宝顶"是用黄土填充围墙内部并夯实成冢,高出城墙的穹隆状圆顶;明清帝王陵寝采用这种封土形式。这种陵寝建筑加强了"陵"与"寝"的有机结合,具有很高的艺术性。

🔗 知识链接

大葆台黄肠题凑汉墓

大葆台汉墓出土于北京市丰台区黄土岗乡,是西汉晚期的两座大型木椁墓。这座墓葬使用西汉皇帝御用的最高等级墓葬制度,地宫规模宏大,具有"梓宫、便房、黄肠题凑"等结构。"黄肠"是指黄色的柏木芯,"题凑"是将它们凑在一起堆叠成墙,头(即题)皆内向,由此形成的墓葬称为"黄肠题凑"。

三、帝王陵寝选址与布局

帝王相信死后灵魂依然存在,坚信自己受神灵的保护而与日月同在,并将陵寝视为国家命运和江山社稷的象征,因此对陵寝的选址十分重视。帝王陵寝基本选择在地质条件良好、环境优美的风水宝地,广阔的面积与雄伟的山川形成了庄严肃穆的气氛。帝王陵寝建筑采用"事死如事生"的象征性布局,按照帝王生前所生活的宫殿式样修建供帝王死后继续享用。

秦始皇陵位于陕西省西安市以东的骊山北麓,高大的封冢南靠骊山,北临渭水,与峰峦叠嶂、景色秀美的自然山川融为一体。陵墓规模宏大、封土高峻雄伟,彰显出帝王至高无上的权力与威严。秦始皇陵有内外两重城垣,象征皇城与宫城;陵墓周围布置了巨型兵马俑阵。兵马俑坑是秦始皇陵的陪葬坑,三坑坐西向东呈品字形排列,布局合理,结构奇特;坑内的武士俑、铠甲俑面部神态、发型服饰各不相同,个个形态逼真,手持剑、矛、弓、戟等武器;士兵、战车、马匹组成一支阵容整齐、威风凛凛的浩荡大军,展现了秦军的编制、武器装备与作战阵法,完全是秦始皇征战场景的再现。

第2课　明十三陵

明十三陵是明朝十三位皇帝陵寝的总称，完美地将中国古代皇家陵寝建筑与风水理念结合起来，是我国明清皇家陵寝的典型代表，也是中国现存规模最大、帝后陵寝最多的皇陵建筑群。

一、明十三陵的选址与布局

明十三陵的选址与布局非常注重与山川河流、自然植被的和谐统一，是传统风水学与皇家陵寝建筑群的完美结合，也是我国古代"天人合一"思想的重要体现。十三陵位于北京昌平区，天寿山、蟒山、虎峪山从北、东、西三个方向将陵区怀抱其中，形成封闭的区域；南面开敞无阻、地势平坦，并有河流经过；整个陵区呈现"左青龙、右白虎、前朱雀、后玄武"的形态，藏风聚气、负阴抱阳，是传统风水学认为的风水宝地。

十三陵的建筑布局疏密有致、高低错落，从整体上呈现出尊卑有序、彼此呼应的特点。它们共用的神道起到了中轴线的作用，长陵居中是十三陵主陵，其他十二陵各建于一座山前，并随山势呈扇形分布在长陵两侧，使整座陵寝显得庄严肃穆。

二、长陵的布局与建筑

明长陵位于天寿山主峰南麓，自古就被视为"王气所聚之地"。长陵模仿南京明孝陵的建筑布局，分为神道和陵宫两部分。神道（图5-1）从大红门至长陵宫门，自南向北略微偏西并有局部弯曲；十八对石像生（图5-2）分布于神道两侧，其中石人六对（武将、文臣、勋臣各两对），石兽十二对（狮、獬豸、骆驼、象、麒麟、马各两对）。文臣武将是皇帝的爱卿，把他们的石像置于陵寝中，表示君臣永不分离；狮子凶猛，吼声震天，象征皇家势力威震天下；大象及背上的宝瓶寓意"太平有象"，其温顺驯服的特点寓意皇帝广有顺民；骏马象征着帝王

图5-1　长陵神道

图5-2　长陵石像生

雄心尚存，为国开疆扩土扬威。

　　长陵陵宫是明成祖与皇后的合葬陵寝，也是十三陵的祖陵，建筑规模最大、保存也最为完好。陵宫坐北朝南略微偏西，平面呈前方后圆的形状，方形部分由三进院落组成。祾恩殿是陵宫最重要的殿宇，位于第二进院落的正中，坐落于三层台基之上，高大宏伟；其建筑形制等级最高，象征着皇帝"九五之尊"的至高地位。

三、明十三陵的礼制思想

　　长陵是明成祖以开国皇帝的姿态仿照紫禁城为自己建造的陵寝，在很大程度上决定了后代帝王陵寝的选址与建筑形制，是儒家尊卑有序礼制思想的体现。长陵坐落于神道的中轴线上，其他陵寝分列于长陵的两侧，既无独立通向大红门的神道，也没有独立的石像生，均为长陵的附属陵寝；长陵的祾恩殿（图5-3）与紫禁城的太和殿相似，其建筑形制与等级均高于其他十二座陵寝的祾恩殿，宝城的规模也最大，彰显长陵的核心与至尊地位，以及不怒而威的震慑力。

图5-3　长陵祾恩殿

第3课　清东陵和清西陵

清帝陵是我国现存规模宏大、体系完整、保存最为完好的帝王陵墓建筑群，它是自然山川与人文建筑和谐统一，也凝聚着清代政治思想、道德观念和审美情趣，是中国皇陵建筑的集大成者。

一、清东陵的布局与雕刻艺术

清东陵位于河北遵化市，按照坐北朝南，"居中为尊""长幼有序"的封建礼制观念进行布局。孝陵是清东陵的首陵，也是风水最佳的陵寝，它位于整个陵区的中轴线上，其余各帝陵按照辈分呈扇形排布在孝陵东西两侧；孝陵沿用明十三陵的制度和典仪，并结合本民族的文化，创建了规制最完善的清代帝陵，成为清代皇家陵园的基本规制。

清东陵的雕刻艺术达到了相当高的水平，在桥梁、栏杆、石碑、石像生、祭台和华表等装饰部位，出现了大量具有丰富寓意的石雕。正龙、行龙、升龙、降龙、坐龙、蹲龙等形象突出了帝王作为"真龙天子"的尊贵地位；鼎、炉、爵等礼器，磬、钟、笙等乐器，琴棋书画等四艺，以及"太师少师""封侯挂印"等题材是儒家礼乐文化的体现；道教的八卦钟、八卦炉、八卦图以及佛家八宝图案是驱邪祈福的祥瑞器物；珍禽瑞兽、花木虫鱼和器物等大量的民俗图案象征着喜庆吉祥、安宁幸福与光明智慧。裕陵地宫的墙面和门楼上布满了经文、佛像等佛教题材的雕刻，其数量和艺术水平居清陵之冠，被誉为"石雕艺术的宝库"和"庄严肃穆的地下佛堂"。

二、清西陵的昭穆之制

"昭穆"是古代的宗法制度，规定了宗庙和墓地的排列次序，始祖居中，二世、四世、六世等为昭，排列在始祖左侧；三世、五世、七世为穆，排列在始祖右侧；祖孙始终同列，父子始终异列。清西陵始于雍正帝，他没有按照古人"子随父葬"的制度，而是选择河北易县作为自己的寿宫，清西陵由此开端。清乾隆帝采用昭穆之制，不仅为自己葬在东陵找到了依据，还解决了清东陵和清西陵的平衡问题，形成了东西二陵的现有格局，并成为清帝陵与历代皇家陵寝的根本区别。

三、清帝陵的象征性布局

清东陵与清西陵（图5-4）以北京为中心形成对称之势，各座陵寝均为坐北朝南，神道作为中轴线贯穿主要建筑，次要建筑分布在神道两侧，与主要建筑形成拱卫之态，给人以庄严和圆满的感觉。清帝陵模仿紫禁城采用"前朝后寝"的布局方式，由南向北形成两方一圆的三进院落。陵寝门以南属于"前朝"，是祭祀活动的场所；陵寝门以北是"后寝"，是安葬帝后的宝顶和地宫。方形的方城与圆形的宝城象征地与天，是"天圆地方"思想的体现。

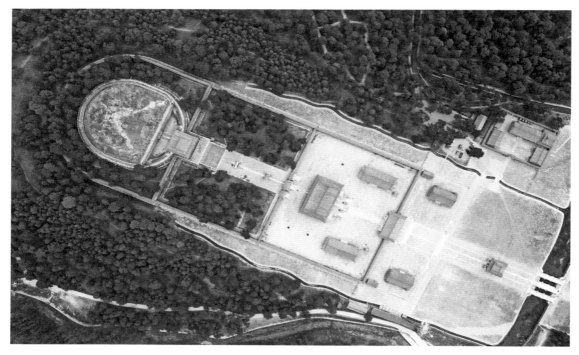

图5-4　清西陵昌陵布局（图片来源：新华社）

清帝陵中采用象征性的布局、建筑与图案，表达出帝王的复生信念。北斗七星居中恒定，被看作是永生的天帝，而清东陵神道（图5-5）中的弯曲就是北斗的象征，是死去的皇帝在乘车巡游。帝王希望通过象征性布局，将自己的肉体依附于北斗而实现永生。神道两侧巨大的石像生不仅体现了帝王的威严，也象征着它们在阴间供帝王差遣，满足帝王的生活需求。地宫墙面上的佛像象征帝王死后会进入佛国转世复生，减少帝王对死亡的恐惧；墙面上雕刻的明镜、琵琶、涂香、水果和天衣五种器物象征人的色、声、香、味、触五种欲望，用来满足帝王对欲望的需求。

图5-5　清东陵景陵神道与石像生（图片来源：互联网）

第六单元

宗教建筑

学习导引

1. 汉传佛教建筑与藏传佛教建筑在布局上有什么不同之处？

2. 道教教义在道教建筑选址、布局和装饰方面有哪些体现？

3. 伊斯兰教建筑布局有哪些特点，这些建筑对穆斯林的日常生活有什么重要作用？

第1课 佛教建筑

中原地区汉传佛教和西藏地区藏传佛教的建筑布局与形制深受当地自然条件和历史文化的影响，形成了类型多样的建筑风格。

一、佛教建筑布局

1. 汉传佛教建筑

洛阳白马寺是东汉时期佛教传入中原后，官方修建的第一座寺院，建筑形制与汉代官衙相似。从东晋时期开始，佛寺依照合院式住宅布局，形成多重院落。在我国儒家礼制思想的影响下，汉传佛寺建筑逐渐形成了中轴线布局方式，每个院落以殿堂为中心，重要建筑排布于中轴线上，等级较低的建筑排列于中轴线的左右两侧。这种主次分明的院落形式与层层递进的空间关系，凸显出大雄宝殿在全寺建筑中最高等级的地位。

北京的潭柘寺、戒台寺等都是著名的汉传佛教建筑。

2．藏传佛教建筑

藏传佛教寺院根据所在地形的特点，分为山地佛寺和平川佛寺两大类。山地寺院注重因地制宜，借助自然地形的高低起伏，通过错落有致的层次，凸显主体建筑的宏伟气势，实现最佳的布局效果。山地寺院多数是历经数代逐步建成的，虽然缺乏整体的规划布局，但是通过巧妙的设计使整座寺院主次分明、均衡有序。平川佛寺的纵深布局借鉴中原汉式建筑的布局方式，由中轴线组织各座建筑，具有对称协调的特点；廊院式布局以院落为单位，各座建筑以本院落主殿为轴线进行布局，实现对称均衡的布局效果。

北京雍和宫和颐和园的四大部洲都是著名的藏传佛教建筑。

二、佛教建筑潭柘寺

潭柘寺位于北京门头沟区东南部的潭柘山麓，是佛教传入北京地区后修建最早的佛寺，也是北京地区规模最大的皇家寺院，享有"京都第一寺"的美誉。潭柘寺规模宏大，中轴线顺着山势走向布置，中、东、西三路建筑群随山地逐步提升等级，在空间上形成主次分明的等级秩序并具有不同的功能分区，中路是佛殿区，东路是方丈院和行宫院，西路为法坛区。山门、天王殿和大雄宝殿（图6-1）等主要建筑位于中轴线上，大雄宝殿作为潭柘寺的核心建筑，其建筑和形制采用最高的等级。东路建筑群由几组庭院式建筑组成，猗玕亭（俗称流杯亭）（图6-2）就位于东路的行宫院中，是中国古代"曲水流觞"习俗的体现。西路建筑群的南侧设置了楞严坛和戒坛等法坛，而北侧则是依山而建的观音殿、文殊殿和龙王殿等佛殿建筑。

潭柘寺的建筑和布局为紫禁城的建造提供了蓝本，紫禁城的太和殿就是仿照潭柘寺的大雄宝殿建造的，所以民谚有"先有潭柘寺，后有北京城"的说法。

图6-1 潭柘寺大雄宝殿

图6-2 潭柘寺流杯亭

三、藏传佛教建筑雍和宫

清朝历代帝王将尊崇藏传佛教作为治国安邦的国策，在北京及周边地区兴建藏传佛教寺庙，其中规模最大、级别最高、装饰最华美的就是雍和宫。雍和宫既是雍正曾经生活的王府，也是乾隆的出生地，因此被认为是"龙潜福地"。雍和宫坐北朝南，红墙黄瓦的殿宇尽显皇家敕建的宏伟气势，中轴线上的七进院落和六座主殿是佛寺的主体建筑，两侧是配殿等次要建筑。雍和宫前半部分空间开阔，是由牌楼与影壁组成的前庭广场和甬道；从昭泰门开始往北的建筑群变得非常密集；前后布局疏密的巨大变化，营造出奇特的空间序列，凸显出整座建筑群的雄伟壮观。

雍和宫是在清王府建筑的基础上改建而成的，其建筑布局和装饰艺术等既保留了明清汉式宫殿的建筑风格，又融入了西藏寺院的扎仓建筑形制，建造了专供研习医学、天文、历算等经院建筑，使雍和宫成为藏传佛教的完整学府。法轮殿（图6-3）是雍和宫最大的殿堂之一，平面呈十字形，正殿屋顶有"一大四小"

图6-3 法轮殿

五个天窗，每个天窗正脊都是藏式风格的镏金宝顶，寓意"须弥山"被四大部洲簇拥环绕。法轮殿以汉式建筑为主体并融入藏式建筑符号，是汉藏建筑文化融合的杰出代表。万福阁是雍和宫建筑群的最高潮，它与延绥阁、永康阁左右两小阁相连，这三座楼阁的上层通过飞廊连通，体量宏大、风格罕见，展现出佛陀世界的圣境景象。万福阁（图6-4）又名万佛阁，因供奉的小佛像多达万尊，且"佛"与"福"音近，故名为万福阁。

图6-4　万福阁

🔖知识链接

藏传佛教建筑中的扎仓

扎仓是经院或学院，是僧侣学习和诵经的场所，如同大学中的院系组织，僧人根据学习内容不同而隶属于不同的扎仓。每个扎仓都有一座独立的大型的经堂为主体建筑，此外还有庭院、回廊和佛殿，共同组成了一个小型寺院。

第2课　道教建筑

道教是中国本土的宗教，起源于自然崇拜、祖先崇拜、鬼神崇拜和神仙方术，并在汲取春秋战国时期道教、儒家、墨家等多家思想主张后于东汉正式形成。道教建筑布局是古代阴阳五行思想的体现，而建筑装饰则反映出人们追求长生不老和修道成仙的思想。

一、道教建筑的布局与装饰

道教建筑是道士用于祀神、修炼和传教的场所，称为宫、观、祠、庙等。根据"道法自然"的道教教义，道教建筑一般选在自然环境良好的名山大川，并根据"天人对应"和五行思想进行布局。多数道观坐北朝南，在中轴线上布局重要建筑，东西两侧的次要建筑环伺主殿；道士居住和修炼的场所布局在阳刚之气浓厚的东面，云游道士的客房安置在西面；四面围合的院落将四方的"气"汇聚于院内，迎接四面八方的神灵。

道教崇尚自然，自然界的天地山川、日月星辰是道的象征，自然界中的动植物是道教建筑装饰中的重要题材。灵芝、松柏、乌龟是长寿和祥瑞的象征，松竹梅是高尚道德的象征，梅花、牡丹、莲花、菊花是四季平安的象征，葫芦是儿孙满堂绵延不绝的象征。仙鹤翩飞寓意仙境浩渺，松鹤寓意松鹤延年，梅花和喜鹊寓意喜上眉梢。八仙过海、瑶池献寿的场景，"福""寿"文字和吉祥纹样这些包罗万象的题材是道教文化对长生、富贵和追求成仙的向往。

《经典语录》

上善若水，水善利万物而不争，处众人之所恶，故几于道。

——《道德经》

以德分人，谓之圣人，以财分人，谓之贤人。

——《列子》

故无所甚亲，无所甚疏，抱德炀和，以顺天下，此谓真人。

——《庄子》

二、道教建筑白云观

白云观（图6-5）位于北京西城区，是北京最大的道教宫观，也是北方道教的中心。白云观规模宏大、布局严谨对称，建筑布局分为中、东、西三路。中路建筑以山门外的照壁为起点，由南向北依次为牌楼、山门、灵官殿、玉皇殿、老律堂、邱祖殿和三清四御殿等主要殿堂，三官和财神殿分立两侧。玉皇殿内供奉的至尊玉皇大帝是众神之首，总管一切阴阳祸福；老律堂是道众日常诵经和举行法事的殿堂；三清四御殿是白云观中最重要也是体量最大的建筑，供奉道教的最高神位三清四御；三官殿内供奉天、地、水"三官大帝"；财神殿殿内供奉文财神比干、武财神赵公明和关圣帝君；药王殿内供奉药王孙思邈、药神华佗和医圣张仲景，皆为中国的医药祖师。西路建筑的吕祖殿供奉着吕洞宾，是除暴安良、普度众生之神；文昌殿供奉的文昌帝君，主宰读书考学和人间功名利禄；东路建筑中的三星殿供奉福、禄、寿三位星君，是保佑家庭幸福美满、官运亨通、健康长寿之神。

图6-5　白云观

图6-6　窝风桥

　　白云观的民俗活动深受人们的喜爱。在窝风桥（图6-6）打金钱眼能使人吉祥如意，摸山门上的石猴使人大吉大利，摸"神特"（外形很奇特，酷似骏马的铜兽）可以消灾祛病、身体健康、福泽绵长。这些民俗活动也是道教祈求吉祥富贵、长生不老和修道成仙思想的体现。

◖扩展阅读◗

东岳庙

　　东岳庙位于北京市朝阳区，因主祀泰山神东岳大帝而得名，始建于元代，是道教正一派在华北地区最大的宫观。东岳庙采用中轴线布局方式，由南至北分为六进院落：琉璃牌楼、棂星门、瞻岱门、岱岳殿、育德殿、后罩楼。东岳庙以神像多、匾联多、碑刻多而著称于世。

　　东岳庙除塑有东岳大帝外，最多时曾有三千尊神像，不仅有玉皇大帝、文昌帝君、文武财神等，而且有五瘟神、药王、仓神、灶王爷等民俗之神，还有建筑祖师鲁班、骡马驴祖师马王爷、梨园祖师喜神等各种行业之神。东岳庙的匾联或言简意赅，发人深省；或深入浅出，雅俗共赏；或意蕴悠长，富于哲理，其内容折射出中国传统伦理道德观念，也是珍贵的书法艺术宝库。

第3课　伊斯兰教建筑

伊斯兰教是由经典、教义和礼仪构成的一套完整的制度体系，它不仅是世界三大宗教之一，也是信仰伊斯兰教的穆斯林的基本生活法则。清真寺是伊斯兰建筑的集大成者和最鲜明的象征符号，也是穆斯林世俗生活的重要场所。

一、伊斯兰教建筑布局

清真寺是伊斯兰教建筑的集大成者，它不仅成为伊斯兰教最鲜明的象征符号，也是阿拉伯文化的重要载体。清真寺一般建在交通便利的穆斯林聚集区，方便穆斯林参加每日的礼拜、每周的聚礼及盛大节日的会礼等宗教活动。清真寺多为阿拉伯穹顶式建筑，圆形的绿色穹顶和新月是主要的标志，绿色穹顶一般由一大和四小组成，大的位于中央，小的分布于顶部东南西北四个方向，并且每个穹顶上都有一弯白色的新月。

北京的清真寺绝大多数是明清时期修建的，整体建筑布局是呈东西中轴对称的四合院形式，由数进庭院组成；大门和礼拜殿等主要建筑均为典型的中国宫殿式建筑，宽敞明亮、富丽堂皇。礼拜殿坐西朝东，面向阿拉伯的麦加城；礼拜殿内陈设简朴，也不供奉偶像，其装饰采用阿拉伯风格，多用阿拉伯文经文、几何图案和花草作为装饰图案。清代京城牛街地区经济繁盛，是牛街全体穆斯林居民宗教活动及日常社会生活的核心。

二、牛街清真寺

牛街清真寺位于北京广安门内，基本维持明清时的格局，是北京历史最悠久、规模最宏大、保持较好的一座伊斯兰教建筑。清真寺的入口形式复杂，造型别致华美。一座巨大的"一"字形照壁上雕刻着"四无图"，即"有棋无人下，有钟无人敲，如意无人佩，炉在无香烧"，装饰非常简洁；入口处设置三间木牌楼，后面是过街式望月楼；礼拜殿、邦克楼、望月楼、水房、讲经堂和碑亭是寺内的主要建筑。

礼拜大殿坐西向东，殿内装饰红地金花图案的拱券式落地罩，保留了阿拉伯伊斯兰教清真寺的特征。大殿由前殿、主殿和后窑殿组成，前殿为硬山卷棚顶，主殿为前后串连的两个歇山顶，后窑殿是六角攒尖顶，这样的布局与建筑风格成为明清时期礼拜殿的定式。礼拜大殿的墙身和柱子为朱红色，殿顶衔接处有一道垂直的半弧形影壁作为装饰。月台前院内左右各设一座高大的明代重楼式碑亭，碑上撰有弘治九年（1496年）的《敕赐礼拜寺记》。清真寺的布局形式以及大量的小品建筑，体现出伊斯兰教文化与汉文化的融合。

第七单元

师法自然的古典园林

学习导引

1. 中国园林经过长期的发展，形成了哪些类型的园林？

2. 江南私家园林有哪些突出的特点，其园林意境主要受到哪些文化的影响？

3. 清代建造了哪些皇家园林？这些园林是怎样体现中国传统文化内涵的？

第1课　中国古典园林

中国古典园林是指以江南私家园林和北方皇家园林为代表的中国山水园林形式，其"天人合一"的造园思想与"虽由人作，宛自天开"的造园手法，在世界园林史上独树一帜，是中华民族文化遗产中的一颗璀璨明珠。

一、中国古典园林的历史

中国古典园林起源于殷商西周时期帝王狩猎的"囿"，到秦汉时期发展成为具有山水、植物和宫殿的"苑"，初步具有了"园林"的形态。唐宋时期，我国的园林艺术进一步发展，唐代的辋川别业和宋代的艮岳体现出较高的园林艺术水准。隋唐时期，我国古典园林进入全盛时期，北方皇家园林和江南私家园林体现出中国园林营造的高超境界。

中国古典园林在漫长的发展中，由于受到地理位置、文化习俗等多方面的影响而呈现出不同的风格，形成了不同类型的园林。根据所处地域的不同，中国园林大致可以分为北方园林、江南园林和岭南园林；根据园林的使用对象不同，可以划分为皇家园林、私家园林、寺庙园林和风景园林。

二、江南私家园林

1. 江南园林的特点

我国江南地区自然山水秀美、物产丰饶、社会富庶，士族文人和巨贾富商建造的私家园林遍布江南。江南园林体量不大，依托自然环境在高处建阁，濒水为榭，僻静处设斋；江南园林崇尚自然，建筑装饰清雅质朴，灰瓦白墙、深褐色门窗、青砖卵石铺地；园中叠石理水自然流畅，花木植物的乡土气息浓厚，营造出人与自然和谐相处的"人间天堂"。江南园林通过"虽由人作，宛自天开"的高超造园手法，将咫尺山林的园林"小自然"融入大自然中，将文人园林特有的精致细腻、灵秀优美展现出来，是中国古典私家园林最典型、最杰出的代表。

江南私家园林质朴空灵的园林意境，源于道家"天地有大美而不言"的自然之美思想。这些园主人和建造者多为士族文人，具有很高的文学艺术修养。他们在遭遇了仕途坎坷后，推崇道家清静无为的思想，并将政治理想与内心的愤懑寄情于山水之间，建造出这些清新高雅、书卷气息浓郁的私家园林。

2. 苏州拙政园

拙政园是江南占地面积最大、艺术价值最高的一座园林。全园以水为中心，亭台楼榭布局在水池周围，整体风格开阔疏朗、质朴浑厚。中花园是全园的精华，有香洲、梧竹幽居、海棠春坞、听雨轩、远香堂等建筑；远香堂四面为厅，南北为门，东西皆窗，北面临水的月台是最佳的观景之处；夏日池中荷风扑面，清香远送，"远香堂"便由此得名。三十六鸳鸯馆是西花园的主要厅堂，中间的隔扇与挂落将这座建筑分为南北两部分，南馆前有小院，适宜冬天居住；北馆临荷花池，适合夏天居住并可以观赏鸳鸯戏水，"三十六鸳鸯馆"由此景致而得名。"与谁同坐轩"出自苏东坡"与谁同坐，明月清风我"的诗句，其屋面、轩门、匾额均为扇面状，清雅别致，体现出人与自然的和谐之美。"拙政"出自晋代的《闲居赋》，颇有自嘲的意味，同时流露出古代士大夫流连山林、归隐田园的思想。

3．扬州个园

个园是我国江南私家园林的杰出代表，以全园遍植青竹、假山堆叠精巧而著称于世。个园将笋石、湖石、黄石、宣石分别叠成春夏秋冬四季假山，并以宜雨轩为中心，顺时针布局，为游览者开启了一场时空之旅。园门后的数竿石笋插植于竹林中，似嫩竹拔节，"春山澹冶而如笑"的意境跃然而出；西北面的太湖石姿态万千，远观自然流畅，近观玲珑剔透，苍翠如滴的夏山宜观宜赏；东北面的黄石秋山高大挺拔，有石矶可登攀，体现"秋山宜登"的乐趣；东面的宣石晶莹雪白，似积雪未消，表达出"冬山惨淡而如睡"的中国画意境。个园将造园法则与山水画理融为一体，在江南私家园林中独树一帜。

三、岭南私家园林

岭南地处我国最南端，山水秀丽、层峦叠翠，造就了岭南园林包容并蓄、精巧秀丽的风格。余荫山房就是岭南园林小型宅园的代表作品，园中亭台楼阁、堂殿轩榭、山水桥廊充分表现人与自然和谐统一的思想。以深柳堂（图7-1）为代表的园林建筑装饰精美，福寿文化和书香文化内涵丰富。深柳堂

图7-1　深柳堂

屋顶雕刻精巧，蝙蝠口含花篮从天而降的图案表达"福从天降"的寓意；堂内木质花罩上雕刻着精致的"松鹤延年"和"松鼠葡萄"图案，寓意着福寿绵长和子嗣绵延。园内建筑门窗、游廊雀替、墙壁花窗和花池等处的木雕、砖雕、灰雕、石雕等多次出现"福""寿""喜"等字样以及"卍"字形纹饰，寓意万福万寿不断头。深柳堂的楹联"闲门向山路，深柳读书堂"，立意深远、意境含蓄、情调高雅，既点明了建筑的特点，也抒发了园主人的情怀。

余荫山房的园林植物丰富，蕴含的植物文化颇有特色。深柳堂前两株古老的榆树表达园主人对于祖先福荫的感恩；两棵苍劲的炮仗花古藤，开花时节宛若一片红雨，正是园门楹联"余地三弓红雨足"的意境；玲珑水榭东门的两株桂树寓意"两桂当庭"，表达了希望子孙蟾宫折桂、仕途昌达的期盼；园内的龙眼是"谢主隆恩"之意，表达受皇帝赏识的感恩之情；园内的酸杨桃、洋紫荆、南洋杉营造出"三阳开泰"的吉祥气氛，也寄托了园主祈求"宗枝繁衍、子孙满堂"的愿望。

第2课　皇家园林

皇家园林是中国起源最早、规模宏大、地位最高的园林。皇家园林不仅突出体现了国家的政治观念与尊贵地位，也蕴含着丰富的哲学思想与宗教思想，并对后世园林营建产生了深远的影响。

一、古代皇家园林

1．皇家园林的历史

我国的园林始于殷商时期的"囿"，是皇家打猎和游乐的场所。秦汉时期是皇家园林发展的重要时期，始建于秦代的上林苑在汉代得到扩建，开创了皇家园林一池三山的模式，被后世奉为经典并反复模仿。东汉时期在洛阳修建了佛教建筑白马寺，为皇家园林增添了佛教寺庙的内容。隋朝采用的分区造景方式以及唐朝采用的宫室与园林相结合方式，大大丰富了园林造景方式。北宋兴建的艮岳开创了皇家园林将山称为"万岁山"或"万寿山"的先河。

金代在中都（北京）城内营建了西苑、太液池以及东苑、南苑和北苑等皇家园林；辽金时期还在北京风景秀丽的西山地区兴建皇家行宫。元朝对金中都城外的宫苑进行修整，琼华岛及水面分别改称为万岁山和太液池。明朝将太液池向南扩展，形成北海、中海和南海连贯的水域并在沿岸和岛屿建造殿宇，在紫禁城内修建了御花园。清代皇家园林的建造贯穿整个王朝，在西山地区形成了规模宏大的三山五园（香山静宜园、玉泉山静明园、万寿山清漪园、圆明园和畅春园）以及周边大大小小90多座园林，此外还在承德建造了规模宏大的避暑山庄。

2．皇家园林的文化内涵

由于皇家园林的营造在选址、规模等多个方面具有得天独厚的优越条件，因而呈现出规模宏大、雍容华贵、富丽堂皇的皇家气度；通过这些高超的造园手法，表达出皇权至上、儒家道德、神佛护佑、重视农桑等主题。圆明园、清漪园等皇家园林建筑高峻轩敞，模仿九州大地各处名胜，表达出"万物皆备于我"的帝王思想；皇家园林中的大量佛寺建筑，表达了帝王对神仙境界的向往和祈求神佛庇佑的愿望；皇家园林中的耕织景观，不仅丰富了园内景观，也是古代帝王重视农桑的体现。

二、大内御苑

1．紫禁城御花园

皇家园林分为大内御苑和行宫御苑。紫禁城御花园（图7-2）是皇宫内面积最大、造园水平最高的大内御苑，是供皇室家族观赏游憩或敬神拜佛的场所。御花园内建筑根据阴阳五行思想布局，钦安殿院落位于紫禁城中轴线的北端，在五行中属水，而该院落的"天一门"就来自于《易经》"天一生水"的思想；钦安殿的左右两侧布局亭台楼阁等建筑，造型相同的万春亭与千秋亭分别立于中轴线的东西两侧，是五行中东方属春、西方属秋的体现。御花园内的地面用各色卵石铺成象征福禄寿的图案，不仅增添了园林意趣，也表达了美好的寓意。

图7-2　紫禁城御花园

2. 北海公园

北海公园位于紫禁城西部，北连什刹海，南濒中海和南海，是北京城中风景最优美的前"三海"之首。北海公园是中国现存最古老、最完整、最具综合性和代表性的皇家御苑，采用皇家园林"一池三山"的布局方式，以北海为中心，在琼华岛、东岸和北岸营建了风格多样、华丽精美的园林景观。琼华岛仿照瑶池仙境建造，岛上的藏式白塔与连接琼岛的永安桥是北海的标志性建筑。北岸的静心斋（图7-3）内的假山叠石、楼台殿阁既有北方园林的雄壮气势，又有江南园林的婉约风韵。园内五龙亭和九龙壁造型独特、工艺精美，是皇权至上的象征；小西天、西天梵境等宗教建筑体量宏大、富丽堂皇，营造出宗教寺院庄严肃穆的氛围。东岸的濠濮间自然质朴，是道家清静无为思想的展现。

（1）沁泉廊

（2）假山叠石

图7-3 北海的静心斋

三、行宫御苑

1．圆明园

圆明园建在风景秀丽的北京西郊，是清代大型的皇家园林，是盛夏时节皇帝的行宫，并作为皇帝处理朝政的地方。圆明园经过清代150余年的营建，形成了由圆明园、长春园和绮春园为主的三园格局，其规模宏大、营造技艺杰出、文化内涵博大精深，被称为"万园之园"。园内仿照杭州西湖建造了平湖秋月、雷峰夕照景区；仿照文人园林建造蓬莱瑶台、武陵春色景区；仿照欧式建筑，建造了谐奇趣、海晏堂、远瀛观、大水法等庭园。圆明园集古今中外造园艺术之大成，建筑类型应有尽有，建筑样式几乎涵盖中国古代建筑的所有造型，建筑平面布局丰富独特新颖，成为世界造园艺术的典范。

2．颐和园

颐和园（图7-4）的前身为清漪园，是清朝中后期建造的皇家园林。颐和园以杭州西湖为蓝本，以万寿山和昆明湖为核心，借鉴江南园林的造园手法兴建了这座大型山水园林。前山区的排云殿佛香阁［图7-4（1）］是园内建筑布局最完整、形式最丰富的中轴建筑群体，佛香阁体量宏伟，是整个万寿山的标志性建筑；昆明湖上有三大二小五座岛屿，其三座大岛象征着传说中的蓬

（1）佛香阁

（2）十七孔桥

图7-4　颐和园

莱、方丈和瀛洲三座仙山；四大部洲的藏传佛教建筑群，不仅丰富了园林景观，也笼络了蒙藏贵族，服务于国家的政治统治。颐和园多处借鉴江南园林的造园手法，仿西湖苏堤建造西堤，仿湖南岳阳楼建造景明楼，仿无锡寄畅园营建谐趣园

（3）苏州街

图7-4 颐和园（续）

［图7-4（4）］，还采用借景的方式将西山诸峰的塔、庙等景色组织到园景中来，丰富了园内的景观层次。颐和园是保存最完整的皇家行宫御苑，被誉为"皇家园林博物馆"。

（4）谐趣园

（5）长廊彩画

图7-4　颐和园（续）

第3课 王府花园

清朝前期是王府最为辉煌的时期。清王朝为避免分封藩王后各分封地与朝廷对抗的隐患，采取了"封却不建"的制度，所有王府都密集地分布在北京内城，形成拱卫皇城的格局。

一、清代王府花园

清代的王府主要分布在北京东城、西城、西四和什刹海地区，建筑形制以《大清会典》为主要依据，规定采用紫禁城"前朝后寝"的布局方式，由中轴线贯穿全府，两侧会有辅助轴线，规模较大的王府还在建筑群后边或侧面建有花园。王府大门位于中轴线最南端，中部的正殿"银安殿"是整座王府建筑群的中心；正殿之后是神殿，是王府中最庄严神圣的殿堂；后罩楼位于中轴线最北端，具有收精蓄锐的作用。北京清代王府的整体形制大致相同，但是每座王府也各有特点，并非完全一样。

王府的主人是介于皇权阶层和普通社会阶层之间的特殊群体，他们的府邸具有明显的文化交融性特点。中轴线布局方式体现出规制严格的宫廷建筑文化，而辅路建筑灵活布局，体现出充满生活气息的民间建筑文化特点。王府宅第严格遵守儒家礼制，并将家族中尊卑、内外、男女、上下的伦理关系体现在合院建筑的空间结构。宅院中的园林营造出道家"清静无为"的意境，表达他们回归自然的向往。

二、恭王府及花园

1. 府邸建筑布局

恭王府位于北京西城柳荫街，是清代规模最大、规格最高、形制最典型的一座王府建筑群，也是北京保存最为完整的王府。恭王府是三路五进院落，中轴线贯穿整座府邸和花园，建筑样式上融合了宫廷建筑、民宅和园林等多种建筑形式和风格。中路布局最重要的建筑群组，主要用于礼仪和祭祀事务，位于轴线中心位置的银安殿是王府正殿，也是规模最大、等级最高的建筑；后面的嘉乐堂是王府的神殿，主要用于萨满教祭祀活动。东路院落是恭亲王起居区，西路院落是王府家人起居的宅院。后罩楼纵贯东、中、西三路，是府邸最后一道建筑，主要作为王府眷属居住和收藏物品之用。

2. 后花园布局

萃锦园是恭王府的后花园，其园林布局与府邸相对应，分为东、中、西三路，其空间风格和园林景观各不相同。中路以轴线贯穿，布局规整，景观从北向南依次排列，颇有皇家园林的风范，绿天小隐是中路花园的制高点，也是核心景观。东路花园采用园套园的布局方式，密集的建筑将空间围成狭小的院落；西路以方塘为中心，空间开敞，与东路花园形成鲜明的对比。萃锦园的建筑和小品风格多样，水景和植物布局灵活，形成不同的园林意境，是清代王府花园的典范。恭王府的镇府之宝就是康熙写的"福"字碑。由于"福"与"蝠"同音，整座王府在景观布局和建筑装饰中大量使用蝙蝠的形象，如蝠池、蝠厅、蝠亭以及长廊、园灯上的蝙蝠形象，寓意福照全园，表达对于"福"的期盼。

三、醇亲王府花园

醇亲王府花园（图7-5）位于北京市西城区后海，原为清代四大王府花园之一，既保留着王府花园的布局和风格，又融入了西方别墅的特点，是一座中西合璧、意境清幽的北方园林。这座庭院以山水为主，南、西、北三面均有土山，其内侧由后海引入的活水绕园一周；轴线南北贯穿园中的建筑，但是建筑比例较小；主体院落端正严谨，山上和水边的建筑造型活泼别致；濠梁乐趣、畅襟斋、听鹂轩等是园内原有的王府风格的古建筑，长廊纵贯南北，迂回曲折，连接南楼与北建筑群。

园内古树名木繁多，有上百年的西府海棠、两百年的老石榴桩景和五百年的"凤凰"国槐。西府海棠位于院内东侧，已有200多年的树龄，名列北京"最美十大树王"。

图7-5　醇亲王府花园

第八单元

小品建筑与建筑装饰

学习导引

1. 中国古建筑中的牌楼、影壁和华表有哪些文化功能？

2. 中国古建筑的外檐装修与内檐装修包括哪些内容？

3. 中国古建筑的吉祥图案分为哪些类型，蕴含着哪些吉祥寓意？

第1课　小品建筑

小品建筑是指小而简的建筑，它们从属于某一建筑空间环境，既有实际的功能，又具有装饰和美化的作用，如牌楼、影壁、华表、香炉、日晷、嘉量等都是小品建筑。

一、牌楼

1. 牌楼的分类

牌楼是中国建筑文化的独特景观，普遍应用在园林、寺观、宫苑、陵墓等建筑群中，具有标志、入口引导、装饰和增加主体建筑气势的作用。按照材质的不同，牌楼分为木牌楼、石牌楼和琉璃牌楼。木牌楼是牌楼的基本样式，主要构件包括立柱、横木及横木上的屋顶，还有夹杆石、屋脊小兽等装饰构件。石牌楼与木牌楼基本相似，只是顶楼比较小。琉璃牌楼色彩亮丽，多出现在高等级的建筑群中。按照外观形式，牌楼分为柱出头式和不出头式两类。立柱高出牌楼的楼顶就是柱出头式，街道牌楼多数属于这种形式；立柱在檐楼之下就是不出头式，宫苑牌楼大多采用这种形式。按照间数和楼数，牌楼还可以分为一间二柱、三间四柱、五间六柱等，牌楼的楼数有一楼、三楼、五楼、七楼、九楼等形式，牌楼的间数与楼数均为奇数。

2．北京的牌楼

北京有八百年的建都史，曾建造了大量装饰牌楼（图8-1）和街道牌楼。现存的国子监街的四座牌楼、颐和园东宫门前的牌楼以及雍和宫南端三座五彩牌楼是极具北京特色的牌楼。国子监街位于北京市东城区，是一条东西走向的胡同，该街道是北京仅存的有四座牌楼的街道。国子监街东西口各有一座额题为"成贤街"的牌楼［图8-1（4）］，国子监附近左右侧各有一座额题为"国子监"的牌楼。这四座牌楼建筑形制为一间二柱三楼，在建筑形式、体量及彩画等方面完全

（1）北海牌楼

（2）雍和宫牌楼

（3）寿皇殿牌楼

（4）成贤街牌楼

图8-1　北京的牌楼

相同，只是柱头上的云冠雕饰略有差异。国子监内还有一座三门四柱七座的黄色琉璃牌楼，高大华美，尽显皇家气度。

雍和宫南端大院的三座高大宏伟的五彩琉璃牌楼始建于清乾隆年间，牌楼所有题额均是乾隆皇帝御笔亲书。正北的牌楼为三门四柱九顶黄琉璃瓦歇山顶形制，正面和背面的金字大匾额分别书写"寰海尊亲"和"群生仁寿"［图8-1（2）］；东西牌楼均为三门四柱七顶黄琉璃瓦歇山顶形制，西牌楼前面和后面分别额书为"福衍金沙"和"十地圆通"；东牌楼前面和后面分别题字为"慈隆宝叶"和"四衢净辟"，其寓意为宇宙众生尊佛奉佛、信佛者幸福长寿等佛教教义。

二、影壁

1. 影壁的分类与装饰

影壁（图8-2）又称照壁，位于建筑群的大门外或大门内，是中国传统建筑

图8-2　影壁

中用于遮挡视线又极具装饰性的墙壁。按照材质划分，影壁可以分为琉璃影壁、砖雕影壁、石影壁和木影壁四类。琉璃影壁主要用于皇宫和寺庙建筑中，砖雕影壁主要应用于民间建筑中，也是中国传统影壁最主要的形式。按照平面样式划分，影壁可以分为一字影壁、八字影壁、座山影壁和撇山影壁四种类型。一字影壁的平面为细长的矩形，如雍和宫南端大院的影壁；八字影壁是在一字影壁的基础上将两侧从属部分向内折，形成八字围合的形状，如北京孔庙门前的影壁；座山影壁一般是与东厢房南山墙砌筑在一起，跨出上墙之外，在跨出的影壁墙上砌出墙帽，座山影壁附着在山墙之上，不独立存在；撇山影壁位于大门两侧，平面呈八字形，形成的小空间可以作为进出大门的缓冲之地。影壁与中国传统建筑的外形相似，由上至下分为壁顶、壁身和壁座三部分，常用松竹梅兰、莲花牡丹、鹤鹿同春、福寿三多等吉祥图案和文字对影壁进行装饰，表达趋吉避凶、祈求福寿的愿望。

2. 影壁的功能

影壁是中国传统建筑中重要的小品，民宅的影壁位于大门内，能够遮挡外人视线保护隐私，影壁上砖雕的吉祥图案或吉词颂语，有美化墙面、令外出的家人或进门的客人愉悦心情的作用。官府和寺庙的影壁多设在大门外，具有标明大门位置，提示过往行人避开的作用。影壁还有很强的装饰功能，大门外的影壁增加了建筑群的气势，而内影壁能营造出静谧和谐的环境。影壁在美学上与园林"障景"的手法类似，营造出"山重水复疑无路，柳暗花明又一村"的意境，增强了整体建筑的艺术美感。影壁属于风水学中的符瑞，是中国传统风水学说在建筑物上的体现，大门内的影壁不仅能够驱鬼挡怪，阻挡煞气，还能与大门共同接纳东来的福气和财气。

北京延庆永宁镇一处清朝末年建造的民居院落中的砖雕影壁非常讲究，影壁图案的背景是松树、青竹、梅花、莲蓬等，上有太阳周围环绕祥云，下有山石岩块，中间穿插着一对仙鹤、一对梅花鹿、一只猴子，寓意为"吉祥富贵""平安长寿""封侯挂印""梅开五福、竹报三春"等。

3. 北海公园九龙壁

北海公园的九龙壁是中国现存三座九龙壁中最有特色的一座皇家龙壁，建于乾隆年间，至今已有二百多年的历史。九龙壁为五脊四坡顶，高5.96米、厚1.6米、长25.52米。正脊上两面各有九条龙，正中的为正龙，两侧的分别为升龙和降龙。九龙腾飞，神态各异。正龙威严、尊贵，升龙刚猛而充满力量，降龙则温文尔雅。寓意群贤共济、圆满如意、蒸蒸日上的盛世景象。龙图腾在中国又有消灾弭祸、镇宅、平安、吉祥，财运亨通等含义。

三、华表

1．华表的文化寓意

华表具有"华夏之表"的含义，既是国家的象征，也代表着中华文化，后来逐渐成为皇族的象征，只有皇家才可以使用"华表"。其他的贵族官僚即使构建了这种类型的建筑，也只能称望柱，而不能称华表，这是儒家等级思想的体现。八角形柱身代表着四面八方，柱头的云盘象征上天，柱础的每一面上都雕刻八卦的方位；而"望天犼"蹲站的莲座以及柱础的须弥座造型，无疑都是来自佛教思想的元素。

2．华表的结构与分类

华表主要是由柱头、柱身和柱础三部分构成。华表的柱头上是圆形的"承露盘"；柱身多数为八角形石柱，柱身上方横插的云纹石板为华表增添了灵动的感觉，最下面是柱础。华表从功能上分为交通华表、建筑华表和陵墓华表三类。交通华表多见于古代的道路、城门和桥梁边，为人们提供交通指引；建筑华表的形态和定位更加灵活，天安门前的华表和圆明园的华表（现移至北京大学和国家图书馆）分别是明、清时期华表的杰作。陵墓华表多分布在帝王和王公贵族的陵墓前，是现存最为丰富的类型。

3．天安门华表

天安门前后两对雕刻着巨龙的华表是天子崇高的象征。天安门后的这对华表被民间称为"望君出"，华表的石犼向北仰望皇宫，寓意为期望皇帝走出去体察人间的疾苦，而不要沉溺于宫内的奢靡生活；天安门前的这对华表被民间称为"望君归"，华表的石犼向南仰望皇宫之外，表达出期盼皇帝及早回宫处理朝政，而不要沉迷于宫外的游乐。天安门华表的典故表达出封建社会的百姓对统治者的期望。

第2课　建筑装修

一座建筑物完成了木作和瓦作之后，还要对室内外进行装修。外檐装修包括门窗、挂落、雀替等，重在体现建筑等级和风貌，同等级的建筑物差别不大；内檐装修包括天花、藻井、罩、屏、纱槅等，主要作用是划分室内空间，完善使用功能，风格形式多样，因而具有观赏价值。

一、外檐装修

1. 门窗

门是安装在建筑上供人出入的建筑构件；窗是垒筑于墙体上用于室内采光和空气流通的建筑构件；门窗是建筑物朝向外界的"脸面"，也是外檐装修最重要的部分。魏晋之前，人们对门窗的要求基本停留在实用功能层面；到了宋代，门窗的保温、隔热，以及防卫功能与装饰功能并举，并逐渐走向规范化；明清时期，门窗已经成为建筑装饰的重要组成部分，融合为功能与艺术的统一体。

古建筑的门（图8-3）根据造型可以分为：宫式、屋宇式、墙垣式和门洞式。紫禁城的天安门、太和门、乾清门等属于宫式大门，体现王朝政治礼仪与等级制度；官员与百姓的住所主要使用王府门、广亮门、金柱门、蛮子门、如意门等屋宇式大门，其建筑结构与房屋类似，是独立的单体建筑；随墙门开在墙上，规格低于屋宇式大门，墙垣式门的上方做成屋顶并有精美的装饰，常见于园林建筑中。牌坊门、乌头门、棂星门等属于门洞式，常见于街道、坛庙等建筑中，具有表彰、敬畏等文化寓意。

古建筑的窗户根据造型可以分为槛窗、支摘窗、漏窗、空窗和什锦窗。槛

（1）宫式（故宫乾清门）

（2）屋宇式（广亮门）

（3）墙垣式（随墙门）

（4）门洞式（社稷坛棂星门）

图8-3　古建筑的门

窗是在窗框内安装上下方向的棂子而得名；支摘窗常用于民居住宅建筑，在槛墙之上居中安装间框，将空间分为两半，上为支窗，下为摘窗；漏窗似通还隔，半实半虚，沟通内外景物，内置多姿多彩的图案，本身就是优美的景点；空窗只有窗洞而没有窗棂，可以使几个空间互相穿插渗透，将内外景致融为一体，增加景深，展现深邃而优美的意境；什锦窗主要用在园林建筑及北京四合院住宅中，形状多种多样，具有极强的装饰作用，不仅给人以美的视觉效果，还蕴含着美好的寓意。

门窗装饰有鲜明的地域特色，岭南建筑多用彩绘装饰门窗，江南建筑的门窗清新素雅，以原木色为主，浙江建筑的门窗以雕工精美著称。装饰图案有几何图案、花卉树木和飞禽走兽等动物图案。几何图案是门窗最主要的装饰手段，如常见的四方、六方、三角、星光、风车、冰裂纹等，规律性强，富于节奏韵律的美感。

❧经典语录❧

凿户牖以为室，当其无，有室之用。故有之以为利，无之以为用。

——《道德经》

吾观今世之人，能变古法为今制者，其惟窗栏二事乎。

——《闲情偶寄》

门窗磨空，制式时裁，不惟屋宇翻新，斯谓林园遵雅。

——《园冶》

2. 挂落

挂落也称楣子，是中国传统建筑中额枋下的一种构件，常用镂空的木格或雕花板做成，各地建筑不同，挂落形式也各不相同。挂落的框内镂空或雕刻纹样，如花纹样式、藤茎式样和冰裂纹等，有的挂落中间或两边还嵌以花篮和花瓶等图案。挂落如同建筑物的装饰花边，使空间隔而不断，并且变得柔软而富有层次，挂落自身也是具有强烈的审美艺术效果。

3．雀替

雀替安置在枋与柱交点的角落，具有稳定建筑结构的功能。雀替的轮廓、雕刻和油饰非常精美，有龙、凤、仙鹤、花鸟、花篮、金蟾等多种极富装饰趣味的形式。明清以来的建筑通常都会采用雀替作为柱头的装饰物，雀替也从力学构件逐渐发展成美学的构件。

二、内檐装修

1．天花

在中国传统建筑特别是居住建筑中，室内的顶部一般都有顶棚，这种顶棚被称为"天花"。天花是用木条做成若干方格并铺上木板，用来遮蔽梁以上的部位，同时用彩绘或雕刻进行装饰。天花不仅可以美化室内空间，而且具有防止梁架挂灰落土和对室内保温的作用。天花分为"井口天花"和"海墁天花"两类。井口天花由天花梁、天花枋、天花板等多种构件组成，结构和工艺比较复杂，等级也较高，如恭王府大殿内的团龙图案井口天花相当精致美观。海墁天花是常见的室内吊顶的方法，以木格算为骨架，在上面糊纸或裱锦，结构和工艺比较简单，等级较低。

2．藻井

藻井（图8-4）位于室内的顶部，呈向上隆起的井状。藻井初见于汉代，是将井的形状倒置于天花上，有克火的涵义，后逐渐发展成为高等级天花上的重点装饰，专门用于皇帝或佛祖座位上方，由细密的斗拱承托并绘有精美的彩画或有精致的浮雕。上圆下方的藻井是"天"的象征，也是"天圆地方"观念的体现，它位于宝座或佛像上方最重要的部位，是"人间通向天庭的通道"。因藻井是位于殿堂楼阁最高处的"井"，并用荷、莲、菱等水生植物作为装饰，祈求以"水"压伏火患，所以具有护佑建筑物安全的作用。藻井只能用于宫殿、坛庙、陵寝碑亭等尊贵的建筑中，它也是中国古建筑等级制度的标志。清代的藻井中心变为蟠龙，周围多是龙纹雕刻，紫禁城御花园万春亭的贴金雕盘龙藻井和浮碧亭的双龙戏珠八方藻井就是清代"龙井"的代表。

（1）北海五龙亭藻井

（2）紫禁城御花园万春亭藻井

图8-4　藻井　　　　　　　　　　　　　　（3）天坛祈年殿天花藻井

3．罩

罩（图8-5）是中国传统建筑室内的装修构件，根据外观形式可分为飞罩和落地罩两类。飞罩是用木条搭接成镂空的花纹或者用整块木头雕琢而成的，安装于两柱之间且两端不落地，如果两端落地就是落地罩。自由式落地罩的两边基本对称，但是内部轮廓不规则，多用花木和禽鸟作为装饰图案；洞门式落地罩的内部形状为圆形、方形或八角形等，与洞门形似故称为洞门式。

图8-5　北海镜清斋室内花罩

三、颐和园乐寿堂的内外装修

乐寿堂（图8-6）是慈禧太后在颐和园的寝宫，是颐和园宫廷生活区的主体建筑，既要满足朝仪理政的政治功能，又要满足慈禧太后的日常生活。乐寿堂的外檐装修按照等级营造，既有皇家的威严，又有园林建筑的轻盈灵动之感；内檐装修精致奢华，是清代宫苑建筑装修的典型代表。

图8-6　颐和园乐寿堂

乐寿堂通过内檐装修将大尺度的空间进行合理划分，形成了若干大小和形式各异的小空间。乐寿堂建筑正坐中央的三间为对外空间，东西为起居空间，中央空间与四周空间使用碧纱窗分隔，区分出内外空间；环绕在周围的起居空间，则使用各种罩进行分隔，在提高空间使用效率的同时，大大丰富了室内空间感受。乐寿堂的内檐装修包括口窗隔断、槅扇、碧纱橱、多宝格、落地罩、栏杆罩、几腿罩等二十多项，几乎涵盖了清代宫廷建筑内檐装修的所有主要类型。乐寿堂内檐装修选用了上等的紫檀和楠木，造型精巧别致，雕刻工艺精良，体现出清代内檐装修的高超造诣。

第3课　吉祥图案

中国传统建筑的装饰图案千姿百态，花草树石、蜂鸟虫鱼、飞禽走兽来源广泛，它们不仅形象美观生动，而且还有丰富的思想内涵。世俗的吉祥文化表达出人们对幸福平安生活的追求，其核心寓意就是"富、贵、寿、喜"，而宗教的吉祥图案则是教义外化的表现。

一、建筑吉祥图案

1. 吉祥动植物

在建筑屋顶、牌楼、影壁、台基、铺地中，随处可见动植物吉祥图案，如松、柏、桃、竹、梅、菊、兰、荷、海棠等植物图案，龙、虎、凤、龟、狮子、麒麟、鹿、鹤、鸳鸯、蝙蝠、鱼等动物图案以及十二生肖等形象，例如恭王府建筑上随处可见的蝙蝠图案就是祈求"福"的寓意。吉祥图案中还有不少人物和器物形象，如姜子牙、八仙、门神、观音等神话人物形象，老子、孔子、刘备、关羽、岳飞等历史人物形象以及孙悟空、贾宝玉、林黛玉等小说人物形象；此外还有香案、香炉、如意、插花、插屏、钱币、文房四宝等器物形象。

传统文化

民俗八宝图

在江南等地的传统民俗建筑上，常可见到玉鱼、和盒、鼓板、磬、龙门、灵芝、松鹤八种祥瑞之物的图饰，这些图案大多是制作在门楣砖雕、门扇裙板、堂内挂落、隔间屏风上，不仅美观大方，而且具有家庭和睦、夫妻恩爱、子孙兴旺、功名顺利、延年益寿、富贵长乐的吉祥寓意。

2. 吉祥文字

吉祥文字主要是福、寿、喜等具有吉祥寓意的文字。在建筑装饰中，"寿"字已经变为了吉祥符号，字形长的称"长寿"，字形圆的称"圆寿"，还有用多字来表示"百寿"。颐和园仁寿殿几乎全部使用"寿"字进行装饰，巨大的条幅上是一百只蝙蝠捧着"寿"字，寓意"百福捧寿"；宝座后面的屏风上雕着二百多个不同写法的"寿"字，房檐的滴水瓦上也刻上了"寿字"字的图案。

3．吉祥纹样

我国传统建筑中常见的吉祥纹样（图8-7）有万纹、回纹、云纹、冰裂纹、海棠纹、宝相花纹等。"卐"原本是梵文，其含义是"胸部的吉祥标志"，我国传统的万字纹将"卐"图案向四方连续反复延伸，构成连锁花纹，寓意绵长不断。宝相花纹样一般以牡丹、莲花等某种花卉为主体，中间镶嵌形状不同的其他花叶，并用圆珠在花芯和花瓣部分规则排列，就像闪闪发光的宝珠，使整体纹样富丽堂皇。

（1）戒台寺石雕吉祥纹样

（2）中国园林博物馆六角全景纹样

图8-7　建筑吉祥纹样

二、吉祥图案的寓意

1．富贵吉祥

通过观察吉祥图案上的具体形象，可以体会到它们所蕴含的吉祥寓意。"六合同春"图案是由鹿、鹤、花卉、松树、椿树等形象组成的，表现出天下皆春、欣欣向荣的景象；鹿为瑞兽且与"陆"同音，鹤为仙禽并取"合"之音，花木表示"春"，天地四方就是"六合"，这幅图案表达了祈求国泰民安的愿望。"三星高照"图案是由福星、禄星和寿星三个神仙构成，具有幸福、富裕、长寿的吉祥寓意。类似的富贵吉祥图案还有金玉满堂、玉堂富贵、连年有余、百事如意、富贵平安、竹报平安、安居乐业、六合同春、鹤鹿同春、竹梅双喜、三星高照、丹凤朝阳、百鸟朝凤、天地长春等。

2．家和兴旺

祈求婚姻美满、家庭幸福的吉祥图案有龙凤呈祥、并蒂同心、和合如意、麒麟送子、连生贵子、子孙万代等，其中"龙凤呈祥"最具代表性。在中国传统文化中，龙凤都是吉祥的象征，图案中的飞龙张口旋身回首望凤，祥凤展翅翘尾举目眺龙，周围是朵朵祥云。紫禁城坤宁宫作为清代皇帝大婚的洞房，其殿内彩画上的龙凤呈祥就是吉祥喜庆、婚姻美满的象征。龙凤呈祥图案不仅用于古代皇家建筑中，现在也被广泛应用于民间的婚庆大典和各种喜庆活动中。

3．长寿多福

表达福寿的吉祥图案（图8-8）有群仙祝寿、五福捧寿、麻姑献寿、东方朔捧桃、长生不老等。"群仙祝寿"的典故来自三月三西王母寿辰日设蟠桃会，各路神仙齐来祝寿；其图案是由寿石、水仙及竹子构成，水仙寓意"群仙"，寿石寓意"寿"，竹与"祝"谐音。

4．科考顺通与品格志趣

状元及第、连中三元、独占鳌头、马上封侯、平步青云、鲤鱼跳龙门、功名富贵等是寓意科考顺利的吉祥图案。由马、蜜蜂和猴子组成了"马上封侯"图案，寓意官职马上高升；荔枝、桂圆、核桃的果实都是圆形，圆与"元"同音，组成了"连中三元"的吉祥图案，寓意在科举考试的乡试、会试、殿试都获得第

（1）余荫山房寿字图案　　　　　　（2）快雪堂五福临门图案

图8-8　表达福寿的吉祥图案

五福临门的含义

五福临门中的五福源至《书经·洪范》："一曰寿、二曰富、三曰康宁、四曰攸好德、五曰考终命"，这是古代中国人民关于幸福观的五条标准。东汉桓谭于《新论·辨惑第十三》中把"考终命"更改，将五福改为"寿、富、贵、安乐、子孙众多。"

一名。岁寒三友、兰桂齐芳、一品清廉、玉树临风、春兰秋菊是表达品格志趣的吉祥图案。"兰桂齐芳"的图案是由兰草和桂花组成，兰草幽香清远，桂花香气袭人，都是高雅的君子象征，寓意将高贵典雅集于一身。

三、宗教建筑的吉祥纹样

1. 藏传佛教吉祥图案

在藏传佛教的建筑和法物中，经常出现宝瓶、宝盖、双鱼、莲花、右旋螺、吉祥结、尊胜幢、法轮这八种器物的图案，它们就是象征着吉祥、幸福和圆满"八宝图案"。宝瓶代表佛祖的颈，是教法和教理的表征，寓意吉祥、清净、财运、福智圆满、永生不死；宝盖代表佛祖的头顶，象征尊贵威势，遮蔽魔障、守护佛法；双鱼是佛祖的双目，慈视众生，是智慧与永生的象征；莲花是佛祖的舌头，至清至纯，象征着最终修成正果；右旋螺是佛祖的三条颈纹，清净美好，是达摩回荡不息的声音，名声远扬三千世界的象征，也是最受尊崇的法器。吉祥结是佛祖的心，此结无首无端代表佛心法无尽；尊胜幢是佛教胜利的象征；法轮是佛祖的手掌，旋转不停，永不熄灭。这些图案都是藏传佛教教义的体现。

2. 道教吉祥图案

道家八宝又称为"暗八仙"，是指八仙所持的八种法器，即葫芦、团扇、宝剑、莲花、花篮、渔鼓、笛子、玉板，这些器物图案既蕴含着吉祥的寓意，也是万能法术的象征。葫芦是铁拐李的宝物，隐喻救济众生；团扇是汉钟离的宝物，是起死回生的象征；宝剑是吕洞宾的法器，可以镇邪驱魔；莲花是何仙姑的宝物，寓意修身养性；花篮是蓝采和的法器，具有广通神明的魔力；渔鼓是张果老的宝物，能占卜人生；笛子是韩湘子的法器，具有使万物滋生的能量；玉板是曹国舅的宝物，象征清净的世界。

第九单元

古建筑与文学

学习导引

1. 中国古典园林中形制多样的匾联有哪些作用？

2. 中国古建筑与文学作品有怎样的内在联系？

第1课　古建筑匾联文化

我国的匾联艺术历史悠远，内容丰富、形式多样，思想内涵深远，它集书法、篆刻、木雕等多种艺术于一体，与形式各异的建筑紧密结合，不仅增加了建筑的美感，也展现出中国传统文化丰富的思想内涵与审美情趣。

一、匾联的分类与文化内涵

匾联是指悬挂于建筑物上的匾额和楹联。匾额（图9-1）源于周朝的重名思想，有建筑就要悬挂匾额，它既有说明建筑（群）名称和描绘景物的题词，如"太和殿""大成殿""春和景明"，也有表达志趣和歌功颂德的题词，如"天道酬勤""状元及第""爱民如子"等。匾额有横匾、竖匾和异形匾等多种形式，常雕刻吉祥图案来表达主人的心愿和祝福。

楹联是悬挂或张贴于楹柱或墙壁上的对联，对建筑具有装饰美化和渲染氛围的重要作用。楹联的内容直接来源于骈文与律诗，要求字数结构相同，平仄协调，从字数上可以分为短联、中联和长联。《红楼梦》中贾宝玉曾为沁芳亭题写

图9-1　潭柘寺匾额

了"绕堤柳借三篙翠，隔岸花分一脉香"的楹联；江西滕王阁的长联"兴废总关情，睹落霞孤鹜，秋水长天，幸此地湖山无恙；古今才一瞬，问江上才人，阁中帝子，比当年风景何如"等。

儒家和道家认为"名"是万物之初始，只有先把名正了，万事才会有其存在的合理性。我国古建筑深受重名文化的影响，采用悬挂匾额的方式为建筑正名，匾额就成为古建筑不缺可少的组成部分。匾额在建筑中的位置及匾额字体的排布都表现为中正有序、不偏不倚，体现出儒家中庸的"尚中"思想。屋外的题名匾位于房檐的中轴线位置，非常醒目；室内的抒情匾悬挂于堂屋的正中位置，堂堂正正；三字匾额"太和殿"的"和"字位于匾额最中间的位置；四字匾额"大雄宝殿"，就从"雄"和"宝"两字的中轴线分开，左右两两对称排布。我国古代的阴阳二元观念将事物分为相互对称的阴阳两部分，非常喜爱成双成对的形式，楹联中语言文字对仗工整、内容连贯、声调协调就源于这种观念。楹联不仅为建筑增添艺术情趣，其本身也具有强烈的节奏和韵律之美。

二、宫殿宗庙建筑匾联

1. 宫殿建筑匾联

我国的匾联艺术特别是宫殿和宗庙建筑的匾联深受儒家礼制思想的影响，皇家匾联、王府匾联和民居匾联在体量、形制和色彩等方面有明显的等级差别，体现出上下有别、尊卑有序的思想。等级越高的宫殿，其匾额造型就越简洁，与建筑庄严肃穆的整体风格相协调，清朝宫殿的匾额为蓝底金字并配以各式边框，彰显皇家简洁庄重的风格。

故宫匾联（图9-2）中大量出现的"仁""和""中"等更是儒家思想的集中体现。太和殿内"建极绥猷"的匾额悬挂于殿内正中间，其含义是天子承担上对皇天、下对庶民的双重神圣使命，既要承天而建立法则，又要抚民而顺应大道；两侧抱柱上的楹联为"帝命式于九围，兹维艰哉，奈何弗敬；天心佑夫一德，永保言之，厥求厥宁"，表达了天帝命治理九州，虽艰难不敢怠慢；上天保佑，同心同德求安宁的含义。中和殿内"允执厥中"匾额是言行不偏不倚，符合中正之道的含义。保和殿内"皇建有极"匾额是指君王建立政事要有中道，取中庸之意。养心殿内"中正仁和"匾额是帝王提醒自己的言行要中庸正直、仁爱和谐，努力成为一代名君；楹联是"唯以一人治天下，岂为天下奉一人"，含义是皇帝要自己亲力亲为治理天下，而不是仅仅被天下人所奉养。

图9-2　乾清宫内的匾联

2. 宗庙建筑匾联

北京孔庙大成殿内正中悬挂着康熙皇帝亲书的"万世师表"匾额（图9-3），含义是表彰孔子是万世千秋的老师和表率。康熙之后的皇帝御书匾额按照"昭穆之制"分列在左、右两侧。左侧雍正帝所书"生民未有"，是推崇孔子圣道出类拔萃，赞叹自有生民以来，没有超

图9-3　孔庙大成殿"万世师表"匾额

越孔子的；右侧乾隆帝所书"与天地参"是形容孔子圣德之伟大，足可以与天地相配。大成殿内还有嘉庆帝所书"圣集大成"匾额，咸丰帝所书"德齐帱载"匾额，光绪帝所书"斯文在兹"匾额，道光帝所书"圣协时中"匾额，同治帝所书"圣神天纵"匾额，宣统帝所书"中和位育"匾额，都是赞颂孔子的圣贤和对后世的教化。

《经典语录》

人心惟危，道心惟微，惟精惟一，允执厥中。

——《尚书》

可以赞天地之化育，则可以与天地参矣。

——《中庸》

有若曰："岂惟民哉！麒麟之于走兽，凤凰之于飞鸟，泰山之于丘垤，河海之于行潦，类也。圣人之于民，亦类也；出于其类，拔乎其萃，自生民以来，未有盛于孔子也！"

——《孟子》

古之欲明明德于天下者，先治其国；欲治其国者，先齐其家；欲齐其家者，先修其身；欲修其身者，先正其心；欲正其心者，先诚其意；欲诚其意者，先致其知，致知在格物。物格而后知至，知至而后意诚，意诚而后心正，心正而后身修，身修而后家齐，家齐而后国治，国治而后天下平。

——《大学》

三、园林寺庙建筑匾联

1. 山水园林匾联形制

根据山水景色配置的园林匾联是对园林景观意境或主题的高度概括，亦可对园林产生良好的装饰效果。匾额的材质有木质、石质、砖质、灰塑等；匾额的形状有规整的方形和异形两类，前者可分为横匾和竖匾，后者有书卷形、扇面形、秋叶形等。楹联的材质有珐琅、竹子、树根、石质等，其形状也不再追求方方正正，而是随景而变，体现出自然洒脱的特点。匾联上的字体和色彩也是灵活多变，与自然意境相融合，与室内外环境浑然一体。我国古典山水园林中的匾联（图9-4）对主景和环境起到衬托和深化的作用，增添了园林景观的品味和文学气息。

（1）潭柘寺匾联

（2）苏州畅园留云山房匾联

（3）苏州畅园锁绿轩匾联

（4）苏州畅园桐华书屋匾联

图9-4　山水园林匾联

2．山水园林名匾名联

我国古典山水园林中的名匾名联不胜枚举，园林中的匾联装饰点缀了景观，丰富了园林意境，也表达出人生志趣和内心的愿望。纪昀为承德避暑山庄的"万壑松风"题写了这样一副对联"八十君王，处处十八公，道旁介寿；九重天子，年年重九节，塞上称觞"。对联中使用拆字和引用典故的方式，以"松"为中心，以"寿"为祝颂，对仗严谨精巧，风格自然飘逸。扬州何园蝴蝶厅的一副楹联"种邵平瓜，栽陶令菊，补处士梅花，不管它姹紫嫣红，但求四季常新，野老得许多闲趣；放孤山鹤，观濠上鱼，狎沙边鸥鸟，值此际星移物换，推愿数椽足托，晚年养未尽余光。"上联引用了秦朝人邵平、魏晋人陶潜、宋朝人林道的归隐逸事，表达出园主对这些人的羡慕之心，也隐含着园主对隐居生活的向往。下联流露出园主想要孤山放鹤的愿望，希望自己可以像庄子一样在沙边狎鸭，濠上观鱼，在与世无争的日子里度过晚年。通过这些匾联对园林意境起到点题的作用。

3．佛教建筑匾联

佛教建筑匾联的内容主要是表达居尘出尘、心死色空的佛教思想；匾联上的文字随性而成，字与字之间彼此独立，各有空间；常用莲花、宝相花、蔓草纹、佛手、祥云纹等对匾联进行装饰，展现出一种特殊的美感。佛教建筑的匾额有殿内殿外之分，殿外匾额如"观音殿""天王殿"是题名匾额，殿内匾额如"威震三洲"是点题匾额。佛教建筑的楹联主要为传播佛教服务，内容多为佛教教义或寺院历史典故等，楹联的形式主要以抱柱长联居多。

雍和宫万福阁上层横匾额题"圆观并应"，中层横匾额题"净域慧因"，下层竖匾额题"万佛阁"，两侧廊柱楹联"慧日丽璇霄，光明万象；法云垂玉宇，安隐诸方"。万佛阁殿内的楹联也非常多，三层北向联"说法万恒沙金轮妙转，观一心止水华海常涵"；南向联"以不可思议说微妙法，具无量由旬作清净身"；阁内二层东向联"示第一义谛，开不二法门"；西向联"日月临初地，人天仰化城"；南向联"定光澄月相，慧海涌潮音"；北向联"雨华庄宝相，湛月朗心珠"，这些匾联都与藏传佛教教义密切相关。

第2课　古建筑与文学作品

我国古建筑与文学作品形影相随，它们相伴而生也彼此成就。历朝历代风格独特的建筑为文学创作提供了素材，激发文人骚客留下千古传唱的诗篇，而文学作品也为古建筑赋予性格和志趣，使它充满人文气韵。

一、《诗经》与周代建筑

1. 种类繁多的周代建筑

《诗经》是中国古代最早的一部诗歌总集，内容丰富，反映了周代约五百年间的社会面貌以及天象、地貌、动植物等自然现象。《诗经》中提到屋、室、庙、堂、宫、台、穴、城、衡门等建筑的诗篇很多，说明西周时期房屋建筑已初具规模。《鄘风·墙有茨》中的"墙有茨"与《陈风·衡门》的"衡门之下"描述的是普通百姓简陋的房屋和大门；《大雅·灵台》和《小雅·斯干》描述的是周代君主规模宏大而华丽的建筑；《大雅·绵》描述了当时建房筑城从测量、备土、准备夹板、填土、夯筑到铲削的全部过程。

2. 周文王的灵台

西周文王灵台遗址位于陕西省西安市，是周文王征发奴隶在灵囿中修筑的高台建筑物，根据《三辅黄图》的记载，周灵台高两丈，周回百二十步。这座灵台成为观察天候、制定律历、占卜大事、庆祝

扩展阅读

大雅·绵（节选）

乃召司空，乃召司徒，俾立室家。其绳则直，缩版以载，作庙翼翼。

捄之陾陾，度之薨薨，筑之登登，削屡冯冯。百堵皆兴，鼛鼓弗胜。

乃立皋门，皋门有伉。乃立应门，应门将将。乃立冢土，戎丑攸行。

扩展阅读

大雅·灵台

经始灵台，经之营之。庶民攻之，不日成之。经始勿亟，庶民子来。

王在灵囿，麀（yōu）鹿攸伏。麀鹿濯濯，白鸟翯（hè）翯。王在灵沼，於牣鱼跃。

虡业维枞，贲鼓维镛。於论鼓钟，於乐辟雍。

於论鼓钟，於乐辟雍。鼍鼓逢逢。矇瞍奏公。

大典、会盟诸侯等处理诸多重要事项的场所。三千多年前的灵台盛景已经不复存在，但是通过《大雅·灵台》这首诗歌，却能跨越时空的障碍，感受当年周文王建造灵台并举行开园仪式的盛大场面，为后人心中留下"永恒"的灵台与无限的遐想。

3.周朝宫殿建筑

我国先秦时期的建筑实体已经不复存在了，然而从《小雅·斯干》这首诗歌中，却可以真切地领略到周朝宫殿建筑昔日的风采。通过诗歌中的描述，可以得知这座宫殿面山临水，位置优越，环境幽雅；建筑气势宏大，规制严整，飞檐造型飘逸，色彩华美绚丽；庭院平整，楹柱耸直，正厅后室宽敞明亮，居住舒适安宁。这首诗歌带着我们由远及近、由外到内参观了宫殿的环境布局和建筑造型，对数千年前的宫殿有了完整而形象的认识。

扩展阅读

小雅·斯干（节选）

秩秩斯干，幽幽南山。如竹苞矣，如松茂矣。兄及弟矣，式相好矣，无相犹矣。

似续妣祖，筑室百堵，西南其户。爰居爰处，爰笑爰语。

约之阁阁，椓（zhuó）之橐（tuó）橐。风雨攸除，鸟鼠攸去，君子攸芋。

如跂斯翼，如矢斯棘，如鸟斯革，如翚（huī）斯飞，君子攸跻。

殖殖其庭，有觉其楹。哙（kuài）哙其正，哕（huì）哕其冥。君子攸宁。

二、汉赋与秦汉建筑

1.汉赋中的宫殿城市

汉赋是汉代最流行的文体，侧重于"体物写志"，其中渲染宫殿城市、描写帝王游猎是最有代表性的内容。西汉司马相如的《子虚赋》与《上林赋》大肆铺陈宫苑的壮丽和帝王生活的豪华，后来描写京都宫苑、田猎巡游的大赋都以它们为范本。东汉班固的《两都赋》将描写对象扩展为整个帝都的形势、布局和气象，并更多地融入了长安和洛阳的实际材料。张衡的《二京赋》和《归田赋》除了铺写帝都的形势、宫室、物产以外，还描写了许多当时的民情风俗与社会生活。

2.上林苑与《上林赋》

上林苑是汉代皇家园林建筑，规模宏伟，宫室众多，景色优美，是秦汉时期典型的宫苑建筑，实体建筑早已荡然无存。值得庆幸的是，司马相如通过文学作品《上林赋》，将这座气势恢弘的皇家园林永远"留存"下来。通过这部作品，我们不仅可以了解上林苑独特的园林景观，而且可以领略到汉代天子围猎与皇家宴会的盛大场景。

3．阿房宫与《阿房宫赋》

阿房宫是秦国修建的标志性建筑，因规模宏大而被誉为"天下第一宫"，也是中国古代宫殿建筑的代表作。阿房宫虽然没有建成，仅留下了世界上最大的宫殿基址，但是从唐代杜牧留下的名篇《阿房宫赋》中，可以领略作者所想象的阿房宫的辉煌。作者运用了想象、比喻与夸张等手法，写出了阿房宫背山面水，建筑繁多而形态各异的特点。

三、散文与唐宋建筑

1．散文中的建筑

继先秦两汉之后，散文创作在唐宋时期又一次出现了高峰，散文名家辈出，佳作众多。唐宋散文题材众多，碑志、游记、杂说中都有与建筑相关的名篇，如欧阳修《醉翁亭记》中的醉翁亭，苏轼《记承天寺夜游》中的承天寺，王安石《游褒禅山记》中的慧空禅院等。这些建筑为文人提

扩展阅读

阿房宫赋（节选）

（唐）杜牧

六王毕，四海一，蜀山兀，阿房出。覆压三百余里，隔离天日。骊山北构而西折，直走咸阳。二川溶溶，流入宫墙。五步一楼，十步一阁；廊腰缦回，檐牙高啄；各抱地势，钩心斗角。盘盘焉，囷囷焉，蜂房水涡，矗不知其几千万落。长桥卧波，未云何龙？复道行空，不霁何虹？高低冥迷，不知西东。歌台暖响，春光融融。舞殿冷袖，风雨凄凄。一日之内，一宫之间，而气候不齐。

扩展阅读

醉翁亭

北宋庆历五年（1045年），欧阳修来到滁州，认识了琅琊寺住持僧智仙和尚，并很快结为知音。庆历七年，智仙在山麓建造了一座小亭，欧阳修常同朋友到亭中游乐饮酒，并自号为醉翁，"醉翁亭"由此得名。欧阳修亲自作《醉翁亭记》，流传后世。

醉翁亭位于安徽省滁州市西南琅琊山麓，布局严谨小巧，建筑紧凑别致，富有江南园林特色。亭园的九院七亭风格各异，人称"醉翁九景"。醉翁亭是中国传统的歇山式建筑，吻兽伏脊，亭角飞起，如鸟展翅，亭中新塑欧阳修立像。亭东石壁上有多处摩崖石刻，皆为记载醉翁亭的兴衰和对该亭的咏歌感叹；亭西有一碑，镌有苏轼手书的《醉翁亭记》全文，笔势雄放，"欧文苏字"并称二绝。

供了访友、游赏的空间与创作灵感，而文人通过文学形式或详或略地记载了建筑的历史风貌。

2. 滕王阁与《滕王阁序》

滕王阁位于江西南昌的赣江东岸，始建于唐代，背城临江，主体建筑坐西朝东，南北对称，坐落于高台上，气势宏伟。滕王阁曾经是文人雅士游观、雅集、歌宴、迎送之地，以滕王阁为歌咏主题的诗作数不胜数，唐代著名文学家王勃所写的《滕王阁序》就是其中的传世经典巨作。文章通篇对偶，善于用典，开篇由洪州的物华天宝与人杰地灵写出滕王阁的壮丽与秀美，接着从宴会写到人生际遇，表达作者的远大抱负与怀才不遇的愤懑心情，是景观与文学、写景与抒情完美结合的典范。《滕王阁序》不仅为世人描绘出江山胜景，滕王阁也因王勃的"落霞与孤鹜齐飞，秋水共长天一色"两句而名扬天下。

扩展阅读

滕王阁序（节选）

（唐）王勃

豫章故郡，洪都新府。星分翼轸（zhěn），地接衡庐。襟三江而带五湖，控蛮荆而引瓯（ōu）越。物华天宝，龙光射牛斗之墟；人杰地灵，徐孺下陈蕃之榻。雄州雾列，俊采星驰。台隍枕夷夏之交，宾主尽东南之美。都督阎公之雅望，棨（qǐ）戟（jǐ）遥临；宇文新州之懿（yì）范，襜（chān）帷暂驻。十旬休假，胜友如云；千里逢迎，高朋满座。腾蛟起凤，孟学士之词宗；紫电青霜，王将军之武库。家君作宰，路出名区；童子何知，躬逢胜饯（jiàn）。

时维九月，序属三秋。潦水尽而寒潭清，烟光凝而暮山紫。俨骖（cān）騑（fēi）于上路，访风景于崇阿。临帝子之长洲，得天人之旧馆。层峦耸翠，上出重霄；飞阁流丹，下临无地。鹤汀凫（fú）渚，穷岛屿之萦回；桂殿兰宫，即冈峦之体势。

披绣闼（tà），俯雕甍（méng），山原旷其盈视，川泽纡其骇瞩。闾阎扑地，钟鸣鼎食之家；舸舰弥津，青雀黄龙之舳（zhú）。云销雨霁，彩彻区明。落霞与孤鹜齐飞，秋水共长天一色。渔舟唱晚，响穷彭蠡（lí）之滨，雁阵惊寒，声断衡阳之浦。

3. 岳阳楼与《岳阳楼记》

岳阳楼位于湖南岳阳，平面呈长方形，中轴对称，庄重大气，盔顶结构新颖独特。历朝历代文人雅士们以岳阳楼为歌咏主题的诗作非常多，范仲淹的《岳阳楼记》成为流传千古的经典之作。这篇散文通过描写岳阳楼的景色，阴雨天和晴天带给人的不同感受，揭示了"不以物喜，不以己悲"的仁人之心，也表达了自己"先天下之忧而忧，后天下之乐而乐"的爱国爱民情怀和仁人志士的高尚节操，对后世影响深远。

扩展阅读

岳阳楼记

（宋）范仲淹

庆历四年春，滕子京谪守巴陵郡。越明年，政通人和，百废具兴。乃重修岳阳楼，增其旧制，刻唐贤今人诗赋于其上。属予作文以记之。

予观夫巴陵胜状，在洞庭一湖。衔远山，吞长江，浩浩汤汤，横无际涯；朝晖夕阴，气象万千。此则岳阳楼之大观也，前人之述备矣。然则北通巫峡，南极潇湘，迁客骚人，多会于此，览物之情，得无异乎？

若夫淫雨霏霏，连月不开，阴风怒号，浊浪排空；日星隐曜，山岳潜形；商旅不行，樯倾楫摧；薄暮冥冥，虎啸猿啼。登斯楼也，则有去国怀乡，忧谗畏讥，满目萧然，感极而悲者矣。

至若春和景明，波澜不惊，上下天光，一碧万顷；沙鸥翔集，锦鳞游泳；岸芷汀兰，郁郁青青。而或长烟一空，皓月千里，浮光跃金，静影沉璧，渔歌互答，此乐何极！登斯楼也，则有心旷神怡，宠辱偕忘，把酒临风，其喜洋洋者矣。

嗟夫！予尝求古仁人之心，或异二者之为。何哉？不以物喜，不以己悲；居庙堂之高则忧其民；处江湖之远则忧其君。是进亦忧，退亦忧。然则何时而乐耶？其必曰："先天下之忧而忧，后天下之乐而乐"乎。噫！微斯人，吾谁与归？

时六年九月十五日。

四、《红楼梦》中的建筑

1. 多姿多彩的大观园建筑

《红楼梦》中的大观园是曹雪芹总结中国江南园林和帝王苑囿创造出来的古典园林，它不同于一般的私家园林，它是为贵妃省亲修建的行宫别墅，园内的建筑类型繁多（府、宅、园、祠、堂、楼、院、馆、苑、斋、亭、桥、轩、榭、村、庄、坞、圃、庵、寺、庙、观等），布局错综复杂。大观园轴线上的建筑从南向北依次是园门、假山、沁芳亭桥、玉石牌坊、省亲别墅；东区从南到北有怡红院、嘉荫堂、栊翠庵、沁芳闸桥等；西区是姐妹们的居住区，从南到北沿河布局依次为潇湘馆、紫菱洲（缀景楼）、秋爽斋、稻香村、暖香坞、蘅芜苑、红香圃、榆荫堂等，还有滴翠亭、蜂腰桥、翠烟桥等。

2. 宁荣府建筑布局

在《红楼梦》第二回中，冷子兴对南京的宁荣府进行了介绍。"去岁我到金陵时，因欲游览六朝遗迹，那日进了石头城，从他宅门前经过。街东是宁国府，街西是荣国府，二宅相连，竟将大半条街占了。大门外虽冷落无人，隔着围墙一望，里面厅殿楼阁也还都峥嵘轩峻，就是后边一带花园里，树木山石，也都还有葱蔚洇润之气。"在第三回中，林黛玉看到的宁荣府是这样的，街北蹲着两个大石狮子，三间兽头大门，门前列坐着十来个华冠丽服之人，正门不开，只东西两角门有人出入。正门之上有一匾，匾上大书"敕造宁国府"五个大字。黛玉想道："这是外祖的长房了。"又往西不远，照样也是三间大门，方是"荣国府"。在五十三回中，介绍宁国府除夕祭宗祠的宏大场面，"宁国府从大门、仪门、大厅、暖阁、内厅、内三门、内仪门并内垂门，直到正堂，一路正门大开，两边阶下一色朱红大高烛，点的两条金龙一般……原来宁府西边另一个院子，黑油栅栏内五间大门，上悬一块匾'贾氏宗祠'四个字，旁书'衍圣公孔继宗书'。里边香烛辉煌，锦幛绣幕，虽列着神主，却看不真切。只见贾府人分昭穆排班立定：贾敬主祭，贾赦陪祭，贾珍献爵，贾琏贾琮献帛，宝玉捧香，贾菖贾菱展拜毯，守焚池。青衣乐奏，三献爵，拜兴毕，焚帛奠酒，礼毕，乐止，退出。"

《红楼梦》通过这几段对宁荣府的描写，将两府的建筑布局交代得非常清楚。宁荣两府坐落于东西走向的宁荣街，宁府为长为尊，位于左侧，荣府居于右侧，体现儒家长幼有序的礼制思想。两府的建筑布局采用中国传统的中轴对称方式，前庭后院，坐北朝南。宁荣府前的大门、石狮子和匾额说明这两座建筑的等级规制非常高。宁国府广宇重门，内部是三进院落。中路从大门到仪门是第一进院落；从仪门到内三门是第二进院落，这里有大厅、左右暖阁和后面的内厅；从内三门到正堂是第三进院落；三进院落的各层门构成了宁国府的中轴线。东面布局东路院落，西面是宁国府的花园和贾氏宗祠。贾家祭祖礼仪是儒家"事死如事生"礼制思想的体现。

3．大观园的园林特色

《红楼梦》中的大观园（图9-5）是理想的人间天堂。在《红楼梦》第十七回

图9-5　大观园

中，贾政等人验收刚刚建成的大观园，并以试才题对额的方式为各处景点题名。"贾政先秉正看门，只见正门五间，上面桶瓦泥鳅脊，那门栏窗槅，皆是细雕新鲜花样，并无朱粉涂饰，一色水磨群墙，下面白石台矶，凿成西番草花样。左右一望，皆雪白粉墙，下面虎皮石，随势砌去，果然不落富丽俗套。"大观园"借元春之命而起"，衔山抱水、千丘万壑，崇阁巍巍，气势宏大，格局别致，园林以水为主，具有皇家贵族园林的规模，同时园内的建筑、花草又有南方园林的秀美。

4. 潇湘馆的布局

潇湘馆是林黛玉的居所，书中对这里的园林布局和园林景观进行了详细的描写，"忽抬头看见前面一带粉垣，里面数楹修舍，有千百竿翠竹（图9-6）遮映……只见入门便是曲折游廊，阶下石子漫成甬路。上面小小两三间房舍，一明两暗，里面都是合着地步打就的床几椅案。从里间房内又得一小门，出去则是后院，有大株梨花兼着芭蕉。又有两间小小退步。后院墙下忽开一隙，得泉一派，

图9-6 潇湘馆内翠竹

开沟仅尺许，灌入墙内，绕阶缘屋至前院，盘旋竹下而出。"在对潇湘馆的环境与黛玉的人物性格心物交融。曹雪芹通过有形的园林景观，展示人物丰富的内心世界与品格情操。

5. 怡红院的内檐装修

在对大观园内后来宝玉居住的"怡红院"（图9-7）的室内（图9-8）描写是这样的，"引人进入房内，只见这几间房内收拾的与别处不同，竟分不出间隔来的。原来四面皆是雕空玲珑木板，或'流云百蝠'，或'岁寒三友'，或山水人物，或翎毛花卉，或集锦，或博古，或万福万寿各种花样，皆是名手雕镂，五彩销金嵌宝的。一槅一槅，或有贮书处，或有设鼎处，或安置笔砚处，或供花设瓶，安放盆景处。其槅各式各样，或天圆地方，或葵花蕉叶，或连环半璧。真是花团锦簇，剔透玲珑。"从这段文字中，可以了解怡红院的内檐装修情况，因贾宝玉来自王公大臣之家，其居所与清代皇宫内的装修比较相似。

图9-7　怡红院

图9-8　怡红院室内
陈设

第十单元

古建筑与图档绘画

学习导引

1. 样式雷图样和烫样对于清代建筑设计有哪些重要意义？
2. 中国文人画与中国古典园林存在怎样的关系？它们是如何互相促进、共同发展的？

第1课 样式雷与皇家建筑

一、"样式雷"图档

"样式雷"是我国著名的建筑世家，从清朝康熙年间到清末的两百多年内，雷家共有七代人担任了清朝样式房的掌案头目。雷氏家族曾主持过康熙帝之后的皇家行宫、陵寝、园苑、衙署、庙宇等设计与修建工程，享誉世界的三山五园、避暑山庄、清东陵西陵、故宫等皇家建筑的设计都出自这个家族。

"样式雷"图档是指雷氏家族绘制的建筑图样、烫样、工程做法及相关文献等，现今流传下来的有17000余件。样式雷图样是用线条、符号、比例尺及图例表示物体的大小、形状和结构的图。它既用于御览，更注重施工实用，凡是文字难以说明白的，都以图样的方式呈现，确保建造时严格贯彻设计意图。图样的种类很多，按照工程设计程序可以将图样划分为测绘图、规划图、单体建筑设计与施工设计图、装修陈设图、施工组织设计图、施工进程图、设计变更图等。图样的绘制遵循清晰和实用的原则，方法灵活多样。风水地势图样多采用写意山水的表现手法，而观赏性的全图以平行透视或鸟瞰图的画法，直观表现建筑的布局情况。

"样式雷"烫样是根据平面设计图，使用纸、秸秆、木头等最简单的材料，按照比例制作的微缩建筑模型。这些烫样的数据准确、形象逼真、制作精巧，主要是呈现给皇帝审阅的建筑模型。烫样可以分为组群建筑烫样（如北海画舫斋烫样）、单座建筑烫样（如慈禧陵寝地宫烫样）和装饰部件烫样（如屏风、落地罩等烫样）三类。烫样中的台基、瓦顶、柱枋等外部建筑结构和山石、水池、花坛等庭院陈设均按比例制成，某些部件还能够拆卸，观看建筑的内部结构。现存于世的样式雷烫样主要是清同治和光绪年间重建圆明园、颐和园、西苑等皇家园林时所制作的设计模型，它们是当时的科学技术、工艺制作和文化艺术等历史全貌最真实的记录。

样式雷第五代传人雷景修将祖上传下来和自己绘制的样式雷图档进行收集整理，并放在家中仔细保管，为"样式雷"图档的保留做出了巨大的贡献。

二、"样式雷"与清代建筑

样式雷主要负责清代国家最高级建筑的设计，包括城市、宫殿、园林、坛庙、府邸等。康熙帝营建的三山五园将我国古典园林建设推向高潮，也为样式雷各代传人施展才华提供了重要的舞台，留存至今的样式雷图档中，与皇家园林相关的图样比较多，如圆明园地盘全图、香山地盘全图、清漪园地盘画样等。还有坛庙和陵寝的图样，如太庙全图画样、西陵万年吉地总样、定陵全图地盘画样、惠陵全图等；此外，还有三海（北海、中海、南海）图档、行宫图档、古建筑群内外装修图档、帝后万寿庆典景点图档等类型多样的图档。样式雷所设计的作品还包括舟车、舆服、彩画、瓷砖、珐琅、景泰蓝、日晷、铜鼎、龟鹤以及室内装修式样和家具陈设等，展示出样式雷家族超凡的创作才能与精湛的技艺。

现存颐和园仁寿殿的样式雷图档有：《颐和园内仁寿殿地盘平样》《颐和园内仁寿殿宝座地平图》《颐和园仁寿殿内檐装修图样》等。仁寿殿的内檐装修图样不但标出了建筑尺寸，还绘制了精美的装饰花样，并在纸条上写着：奉懿旨，花样要玲珑。样式雷家族在参与清代建筑的设计和营建工作中，保留了一整套详尽的设计思想、操作步骤和图档资料，为后人研究清代宫廷建筑和室内规划保留了一笔丰厚的财富。

三、"样式雷"体现的传统文化

"样式雷"在设计中非常重视建筑本身与周围环境的和谐统一，并将"天人合一"的哲学思想融入建筑设计，展现出中国古代建筑达到最后一个高峰时期的全面成就。颐和园的山水布局和建筑营造就是一个典型案例。昆明湖利用西堤、南湖岛和十七孔桥将湖面分成类似西湖的景观，虽然是人为设计，确有"宛自天开"的艺术效果。为了突出万寿山佛香阁在全园的核心地位，采用了中轴线设计方案，从昆明湖边的牌楼、山脚下的排云门到半山腰的排云殿，再到制高点佛香阁，借助山势烘托出主体建筑的宏伟气势。

"样式雷"在室内空间划分与装饰图样方面，体现出礼制思想和中国传统的吉祥文化。颐和园万寿山的排云殿通过将室内空间三面封闭形成核心，又通过多宝格和碧纱橱的设置使室内空间连续和渗透，既体现出皇家的尊贵地位，又满足了各种使用功能的要求。在装饰图案中，将蝙蝠、梅花鹿、乌龟和仙鹤、喜鹊、牡丹、爬藤等作为"福""禄""寿""喜""富贵""子孙"的象征，表达"福寿延年""鹤鹿同春""喜报平安""满堂富贵""子孙万代"的吉祥寓意；也用文人喜欢的梅兰竹菊等表达"绿竹长春""梅花献瑞"等祥瑞寓意；用孔雀、燕子等表达夫妻恩爱的美好寓意。"样式雷"图档真实地记录了清代皇家建筑设计与营造活动，对于研究中国传统文化具有重要的意义。

第2课 文人画与文人园林

中国古典园林多由文人、画家与工匠合作营建而成，中国文人画与古典园林结下了不解之缘，对园林布局及表现手法产生了深远的影响，而中国古典园林基本遵循山水画的构图原则，成为"立体的画"。

一、文人画的发展历史

中国山水画是以描写山河自然景色为题材的绘画作品，兴起于东晋，随着绘画理论与技法日益丰富，到唐代成为国画中的重要一支。山水画在五代北宋达到兴盛时期，荆浩和关仝成为北方山水画派代表，创造出大山大水的北方全景式山水画作；以董源、巨然为代表的画家以描绘南方丘陵地带山水为主，用水墨画江南美景。

北宋文人开创了文人画派的先河，注重笔情墨趣，以简易幽淡为妙。南宋文人画更讲究意境的创新和笔墨的简括，以含蓄、准确地表达诗的意境为山水画创作的目标，把与主题无关的景物一律去掉，留出大片空白以增强美感，景物刻画精巧深入。元代文人画兴起，人们的审美情趣也发生了重大变化，山水画成为表现画家个性的方式，趋向写意而不求形似，画风苍茫深秀、意境高远，体现出文人士大夫的审美情趣。元朝之后，文人画成为中国画的主流，其清高脱俗的意境神韵也成为私家园林的精神内涵。明代文人画流派众多，"吴门派"的沈周、文徵明、唐寅、仇英多承宋元画风，普遍重视文学修养，在明中期独领风骚。清代绘画风格多样主张创新和抒发自我，将文人画推向一个新的高峰，以郑板桥为代表的"扬州八怪"都是清代画坛的重要人物，他们的绘画意境、技法、风格对园林产生了重要的影响。同时，明清时期花木竹石等风景小品画发展迅速，为园林小品构图提供了重要的摹本。

二、文人构建的园林

1. 画入园林

在我国历史上，画家构建园林的例子不胜枚举，王维构建的辋川别业如诗如画，宋徽宗构建的艮岳是写实派园林的杰作。元明清时期，画家参与园林营造成为风尚。"元四家"之一的倪瓒的画作以简取胜，意境淡泊萧条，其傲骨风姿是士大夫文人的代表。他在无锡故里建造的写意山水园林清閟阁所呈现的山林野趣，与其清丽旷逸的画风完全一致。大画家石涛根据自己的《醉吟图轴》画作，在扬州片石山房堆叠出"一峰突起，连冈断堑，变幻顷刻，似续不续"的假山形态，被誉为石涛叠山的"人间孤本"而名震古今。清廷如意馆的画家高士奇、冷枚、董邦达及意大利的郎世宁等，均直接参与了清代皇家园林的规划设计；避暑山庄的"万壑松风"就是直接以宋代画家李唐的万壑松风图为艺术蓝本营建的园林景观。

明代造园家计成在《园冶》的自序中记录了自己参与造园的经历。他从小擅长绘画，喜爱模仿关仝和荆浩的山水画，其雄浑的气势和着色古淡的意趣给他留下了深刻的印象。他曾游历多地，对于自然界的真山真水了然于胸。一个偶然的机会让他展示叠山的技能后，受人邀请建造一座私家小园；计成通过实地观察，并根据山水画的意境，构建出了将江南美景全部呈现的园林，备受青睐。后来，他又受邀参与江苏寤园的构建，建成后的这座园林非常符合士大夫的志趣，因此名震大江南北。计成把文人画构图写意的方法用于园林设计与造景中，构建起一幅幅"立体的画"，使园林充满悠远的意境。

2．园林入画

元明清时期的文人画家不仅依照画作营建园林，而且又将园林美景通过绘画方式记录下来，为后世留下了宝贵的艺术财富。"明四家"之一的文徵明曾参与苏州拙政园的设计和建造，并以其高超的绘画水平和深厚的文学修养，建造出这座意境高远的文人园林。拙政园建成后，文徵明受园主之托绘制了以园林景观为题材的《拙政园三十一景图》，该作品是文徵明晚年的力作之一。这套作品以独立的画面对园内各个景点进行了细致的刻画，山水、花鸟、亭台等意境隽永，风格淡雅清新，每幅画后的题诗与画面相得益彰。园主人王献臣对此图册极为珍爱，与朋友游赏拙政园时常拿出这本图册与大家欣赏。清代著名画家戴熙又将该图景集合成一幅完整的拙政园全景图，这些绘画成为研究拙政园乃至中国古典园林艺术的宝贵资料。

元代大书画家倪瓒曾参与狮子林的建造并题诗作画，使该园名声大噪。狮子林的叠石艺术及整体园林景观体现出写意山水的意境美，《狮子林图》将写实与写意相结合，具有"荆关之意"的意象美，同时体现出园林与绘画向写意山水方向发展的理念。清乾隆帝非常欣赏倪瓒"逸笔草草"的简淡画风，特别喜爱他的《狮子林图》。每次游览苏州狮子林，都会将感想题写在这幅画作上。乾隆帝还请江南匠师在圆明园的长春园和避暑山庄修建了"狮子林"，并多次临仿倪瓒的《狮子林图》。

三、文人画与文人园林的文化内涵

文人是中国传统文化的主体，他们的思维与中国古代文化的思维方式一脉相承，注重体验感觉，讲究心与物的通感，追求"天人合一"的最高境界。古代文人把对自然的感受和生命的感悟转化为画卷和园林，虽然这两者的表现形式不同，但是都以"师法自然"为创作源泉，以"天人合一"作为最终的追求目标。

"师法自然"并不是对自然界的简单照搬和模仿，而是内心的体验感悟对自然的再现。文人画以清色的水墨作画，经常使用"四君子"和"岁寒三友"等表达高洁的品格，用远山、枯枝、孤亭、夕阳表达清雅远逸的人生追求，给人以闲适、安详和自由之感。文人园林则以粉白墙作为背景，使用荷塘、古树、竹林、瘦石、建筑园林要素，并题以悠远意境的匾联表达士大夫阶层寻求心灵的自由，如西湖的"曲院风荷"、退思园的"闹红一舸"、避暑山庄的"水流云在"、网师园的"月到风来"等，都是他们对于自然感悟而生发的园林景色。文人画与文人园林都是通过探究自然之真实，而创作出自己心中的写意自然，表达出对于自然和生命的感悟，最终达到"天人合一"的境界。

附录

课后实践活动

结合当地古建筑资源合理选择和设置课后实践活动。本书以北京市为例。

实践活动1 参观北京古建筑博物馆，了解我国古建筑的起源及发展演变过程。

实践活动2 参观故宫中轴线上的重要建筑，观察这些建筑不同的规模和形制，理解儒家礼制思想和中庸思想对皇家宫殿建筑的影响。

实践活动3 参观一二座老北京四合院，了解四合院的建筑结构特点，体会四合院的文化象征意义和伦理观念。

实践活动4 参观颐和园，了解皇家御苑一池三山的布局特点，以及各类建筑所体现的文化内涵。

实践活动5 参观北京太庙，观察太庙的布局和主要建筑，学习太庙中关于皇家祭祖文化的相关内容。

实践活动6 参观明十三陵，观察长陵神道与陵宫的布局，说一说它们各有什么特点。

实践活动7 参观藏传佛教建筑雍和宫、道教建筑白云观和伊斯兰教牛街清真寺，观察并对比它们在建筑布局与外观形制的联系与区别。

实践活动8 参观北海公园画舫斋，观察其内外檐装修的特点，识别垂花门、挂落、雀替、天花、藻井、飞罩、落地罩等构件及基本结构，观察并记录建筑群中的20种吉祥图案。

实践活动9 参观中国园林博物馆，体会匾联对于建筑的作用，以及这些匾联深厚的文化内涵。

实践活动10 参观中国美术馆，体会"画中园林"的人文意境与现实中古典园林意境的异同。

参考文献

［1］ 白少杨. 北京清真寺建筑研究［D］. 北京：北京工业大学，2016.

［2］ 蔡彬. 我国少数民族民居建筑有哪些?［EB/OL］（2016-05）［2020-12-01］ http://www.china.com.cn/guoqing/zhuanti/2016-05/11/content_38427106_2. html，2016.

［3］ 曹林娣. 中国园林文化［M］. 北京：中国建筑工业出版社，2005：301-304.

［4］ 曹雪芹. 红楼梦［M］. 南京：南京大学出版社，2014：8-9；12-15；83-89.

［5］ 陈玲玲，霍斯佳，范文静. 世界文化遗产地可持续发展研究——以北京明十三陵为例［J］. 资源开发与市场，2011，27（3）：228-231.

［6］ 陈扬. 北京地区山地汉传佛寺建筑空间研究［D］. 北京：中央美术学院，2019.

［7］ 中国建筑工业出版社. 帝王陵寝建筑：地下宫殿［M］. 北京：中国建筑工业出版社，2010：2-10.

［8］ 丁艺. 北京西城王府建筑研究［D］. 北京：北京建筑大学，2013.

［9］ 董喜宁. 孔庙祭祀研究［D］. 长沙：湖南大学，2011.

［10］段伟. 样式雷图档与清代皇家建筑研究［J］. 档案学研究，2017（2）：126-128.

［11］房伟. 文庙祀典及其社会功用——以从祀贤儒为中心的考查［D］. 济宁：曲阜师范大学，2010.

［12］耿刘同. 中国古代园林［M］. 北京：中国国际广播出版社，2009：4-10.

［13］郭岩，杨昌鸣. 明清北京牛街佛教和伊斯兰教宗教建筑文化比较研究［J］. 世界宗教文化，2018（5）：118-124.

［14］郭玉山. 中国传统建筑装饰语言在现代设计中的应用［D］. 长沙：湖南师范大学，2008.

［15］计成. 园冶［M］. 南京：江苏凤凰文艺出版社，2015：214-217.

［16］贾珺. 北京颐和园［M］. 北京：清华大学出版社，2019：24-27.

［17］贾珺. 北京四合院［M］. 北京：清华大学出版社，2020：20-39；82-85；140-153；202-207；228-239.

［18］居阅时. 中国建筑与园林文化［M］. 上海：上海人民出版社，2019：80-105；129-135；184-188.

［19］李丽丽. 明清北京天坛建筑中皇权象征的研究［D］. 哈尔滨：黑龙江大学，2019.

［20］李姿. 华北地区传统民居院落的影壁艺术研究［D］. 石家庄：河北科技大学，2020.

［21］梁月花. 样式雷营造建筑中的室内装修与家具陈设研究［D］. 北京：北京林业大学，2006.

［22］刘晶. 宋庆龄故居景观改造的实践与思考［J］. 中国园林，2014，30（4）：71-74.

［23］刘毅. 明代皇陵陵园结构研究［J］. 北方文物，2002（4）：38-47.

［24］龙珠多杰. 藏传佛教寺院建筑文化研究［D］. 北京：中央民族大学，2011.

［25］陆元鼎. 南方民系民居的形成发展与特征［M］. 广州：华南理工大学出版社，2019.

［26］马天维. 祥和与警示——论明清华表的设计形制与象征意义［D］. 西安：西安美术学院，2018.

［27］孟霓霓. 装饰在中国传统建筑中的应用研究［D］. 天津：天津科技大学，2010.

［28］高倩如. 汉、藏传佛教寺院建筑比较研究［D］. 兰州：兰州大学，2013.

［29］阮仪三. 江南古典私家园林［M］. 南京：译林出版社，2020.

［30］苏广钧. 清东陵祈福文化考［J］. 文物春秋，2012（6）：8-16.

［31］万方. 华夏民间俗信宗教——庞杂的神谱［J］. 书屋，2003（1）：1.

［32］王贵祥. 北京天坛［M］. 北京：清华大学出版社，2017.

［33］王欢. 清代宫苑则例中的装修作制度研究［D］. 北京：北京林业大学，2016.

［34］王晶晶. 北京皇家祠庙环境研究［D］. 北京：北京林业大学，2012.

［35］王琳琳. 北京孔庙大成殿清代皇帝御制匾联探微［J］. 中国国家博物馆馆刊，2013（8）：103-118.

［36］王南. 古都北京［M］. 北京：清华大学出版社，2018.

［37］徐伦虎. 中国古建筑密码［M］. 北京：测绘出版社，2010.

［38］许玉姣. 楼观台道教文化展示区建筑形态研究［D］. 西安：西安建筑科技大学，2012.

［39］尹璐. 清代入关后帝陵陵寝建筑形制研究［D］. 长春：东北师范大学，2013.

［40］赵思毅. 文人画与文人的"师法"转化［D］. 南京：东南大学，2018.

［41］郑永华. 九坛八庙 左祖右社 北京的坛庙建筑及其文化价值［J］. 前线，2017（12）：149-151.

［42］周娇. 中国匾联审美文化研究［D］. 郑州：郑州大学，2012.

［43］卓悦. "样式雷"家具部分图档的整理与研究［D］. 北京：北京林业大学，2006.